前 言 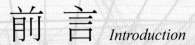 Introduction

科學知識既不枯燥，亦不乏味，而是妙趣橫生。

真正的科學，它不是書本裡的條條框框，也不是遙不可及的神祕事物，它就悄悄地藏在我們每個人的身邊。許多生活中的小事，都暗含著無窮的科學道理，只是你尚無察覺而已。抬頭看看天空的白雲，低頭看看腳下的土地，再看看你周圍的一切，你不好奇嗎？你不想去探究嗎？

科學可以啟發人的智慧，遊戲則會帶來心靈的歡娛。當科學與遊戲撞出智慧的火花時，一切神祕和神奇的事，都會在本書中呈現！

你試過用紙杯燒開水嗎？你信不信水火可以相容呢？你想讓水倒流嗎？你想製造人造閃電嗎？是什麼魔力讓水跳起舞來？雲層裡藏著什麼秘密？魚為什麼煮不死？

讀完這本書之後，你會找到所有的答案：生活原來

是如此與眾不同!

如果你對物理和化學心生畏懼,無論怎麼努力也無法記住那些繁瑣的公式和原理,不妨翻開這本書。所謂興趣是最大的老師,我相信,你一定可以從這些輕鬆有趣的遊戲中找到學習的樂趣之源!

魔術師神祕莫測的表演,會不會讓你疑雲重重,迫切想揭開謎底呢?編者可以高興地告訴你,本書收錄了很多有趣的魔術表演哦,並且這些的「技巧」和把戲都被一一揭曉了。看過之後,你甚至能對著朋友表演幾個小魔術呢,想一想,那是多麼有意思的事情啊!

最後編者需要提醒一下小朋友,書中有部分的科學實驗需要使用到化學原料以及火,具有些微的危險性,請在有家長或老師的陪伴下進行,以確保安全。

球和筆，誰跳得最高？

看完這個題目，你一定認為這是一個腦筋急轉彎的問題吧！在下面的這個小遊戲中，的確可以鍛鍊你的腦筋，但不是急轉彎，而是科學常識。

遊戲道具
實心皮球一個，原子筆一支。

遊戲步驟
第一步：將實心皮球鑽洞，把原子筆插進去，要插得足夠深，但不要將整支筆都插進去。深淺程度以用手拿住筆，球不會掉下來為宜。

第二步：一手拿筆，上升到一定高度，讓球體自由下垂。然後鬆開球。球落地後，觀察球跳得高，還是原子筆跳得高。

遊戲現象
出人意料的是，實心球落地後，原子筆就像箭一樣，

被彈得很高，而球僅跳動了一個很小的高度，或者根本沒有跳動。

科學揭祕

如果球上沒有插原子筆，球落地後，動能會使球彈跳起來。當插上原子筆後，球落地後產生的一部分動能，就轉移到了原子筆上了，所以筆會彈得很高。即便落地的球有很高的彈性，但是由於原子筆體積遠遠小於實心球，原子筆彈起的高度，還是遠遠大於實心球的。

這說明運動產生的力，是可以在不同的物體之間傳送的。

遊戲提醒

不要在燈下做這個遊戲，否則彈起的原子筆有可能撞擊到燈。做這個遊戲的時候，要注意保護好臉部，免得原子筆彈傷眼睛。

落入酒瓶中的硬幣

一道看起來很難的遊戲，在科學常識面前迎刃而解。
建議遊戲人數：兩人或者兩人以上。

遊戲道具
每人準備一根火柴，一枚硬幣，一個酒瓶（酒瓶口要
大於硬幣，以便讓硬幣輕鬆落入瓶內）。

遊戲步驟
第一步：將火柴從中間折彎，但不要折斷。將折成V字
型的火柴，架到瓶口上。

第二步：硬幣放到火柴上。

第三步：不允許用手、木棍等接觸硬幣、火柴和瓶
子，誰先讓硬幣掉進瓶子內，誰就是優勝者。

科學揭祕
這個看似很難的遊戲，假如你知道遊戲的科學祕訣，
會變得十分簡單。

只要你將手指伸進水中，讓手指上的水滴滴到火柴折彎的地方，這幾個小水滴會幫你的大忙。不一會兒，你會看到火柴折彎的地方竟然動了起來，V字型的口越來越大，最後硬幣掉進了瓶子中。

為什麼會出現這種現象呢？

原來，一般的火柴棒，都是用一般的木料製成的。木質中的導管，可以輸送水分；木質中的木纖維，堅硬富有韌性，可以輸送無機鹽。水滴滴在火柴折彎處，水會沿著木質纖維之間的導管，向火柴棒滲入。木纖維受潮後膨脹，這種膨脹在木纖維折彎處尤為明顯。所以火柴棒會逐漸變形伸直，支撐硬幣的V字型會逐漸擴大，硬幣失去了支撐，自然就掉到瓶子中了。

看得見的聲音

大家都知道聲音是用來聽的。下面這個遊戲，聲音可以出現在你的眼前，讓你聽得到、看得見。

遊戲道具

空罐頭一個，氣球一個，剪刀一把，碎鏡片一塊，雙面膠少許。

遊戲步驟

第一步：空罐頭兩頭打通。

第二步：用剪刀從氣球上剪下一塊橡膠皮，繃緊到罐頭盒的一端。

第三步：繃緊的氣球橡膠皮上，用雙面膠黏貼幾個碎鏡片。不要黏貼在橡膠皮的中心，要靠邊。

第四步：選擇一個陽光充足的晴天，對著太陽站在一面牆前面，人距離牆壁三、四米遠。

第五步：手拿空罐頭，讓鏡子對著牆壁，你會看到碎鏡子將細碎的陽光反射到了牆壁上。

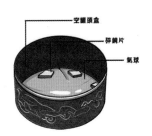

空罐頭盒
碎鏡片
氣球

第六步：對著空罐頭
高聲喊叫，拉長聲音
喊、變調喊、急促喊等，觀察發生的現象。

遊戲現象

你會看見鏡片在跳動，牆壁上的光斑，隨著鏡片的運動產生了不同的圖形，這些圖形就是你所看到的「聲音的形狀」。

科學揭祕

「看到聲音」僅是一個具體的說法。其實你看到的不是聲音，而是聲音所發出的振動。聲音在空氣中傳播，具有一定的能量。當作用到障礙物的時候，能發出振動。在日常生活中，各種機械，比如鐘錶、機器等，無論大機械還是小物件，只要發出聲音，都會產生振動。

目前，人們發明了一種名叫「示波器」的儀器，可以對聲音發出的振動，做精確的研究。

怎樣讓硬幣出來？

桌子上有一個玻璃杯，裡面倒扣著一枚硬幣。不允許用手碰到硬幣和玻璃杯，你能用怎樣的辦法取出硬幣呢？當你百思不得其解的時候，慣性會來幫你的忙。

遊戲道具
桌巾一塊（不能用塑膠桌巾代替），桌子一張，玻璃杯一個，五元硬幣兩枚，一元硬幣一枚。

遊戲步驟
第一步：將桌巾鋪在桌子上。

第二步：玻璃杯倒扣在桌子上，一元硬幣位於玻璃杯杯口中間；兩枚五元硬幣將玻璃杯口支起來。

第三步：用手指輕輕在靠近玻璃杯處的桌巾上不停地抓刮，觀察發生的現象。

遊戲現象
你會看到，硬幣會一步一步從玻璃杯裡面「走」出來，最後鑽出了杯子。

科學揭祕

這到底是怎麼回事呢？原來，當手指每次刮到桌巾的時候，具有鬆緊性的桌巾，就會往前拉伸一點點，杯子中央的一元硬幣也就跟著向前移動；當手指放開桌巾時，桌巾反彈回原狀，縮了回去，硬幣由於慣性作用，會停留在原地。這樣，手指每刮一次，硬幣就會前進一小步，反反覆覆抓刮桌巾，硬幣就會不請自出了。

杯底抽紙

從杯子下面將壓著的白紙抽出來，這個看似簡單的動作，如果沒有科學的方法，是很難完成的。

遊戲道具

喝水用的杯子一個，形狀和大小不限；16開的白紙一張。

遊戲步驟

第一步：將杯子裝滿水，白紙壓在杯子下。

第二步：參加遊戲的人只能用一隻手去抽取杯子下面的白紙，不允許碰到杯子，也不允許將杯子拉到桌子下面；更不能讓杯子中的水灑落到桌子上。誰先將白紙抽出來，誰就是優勝者。

科學揭祕

如果沒有掌握正確的方法，這個看似簡單的動作，將難倒很多人。

最科學的方法是：毫不遲疑，用最快的速度猛然將白紙抽出來。這時候杯子只會抖動一下，就很快不動了。只要速度合適，即便水杯放在桌子邊沿，也不會落下來。相反，那些小心翼翼、動作緩慢的人，無論他們多麼仔細，動作多麼輕柔，其結果只能使白紙拉動杯子向前不停地挪動。

這個遊戲中蘊含的科學是「慣性」。由於動作迅速，慣性能使杯子保持原來的靜止狀態。

遊戲提醒

要想遊戲成功，必須讓杯子底部和外壁保持乾燥，如果沾上水，是無法成功將白紙抽出來的。

近距離「觀察」聲音

如果說聲音是用來聽的,恐怕沒人會反對;如果說聲音能夠看得到,恐怕有人會提出異議。下面這個科學小遊戲,能夠讓你近距離來觀察聲音。

遊戲道具

薄塑膠小碗一個,小木勺一支,鋁鍋一個,塑膠薄膜適量,橡皮筋一條,米粒少許。

遊戲步驟

第一步:在塑膠小碗上面蒙上一層塑膠薄膜,用橡皮筋繃緊,不要留下皺痕。

第二步:將米粒放在薄膜上面。

第三步:鋁鍋靠近塑膠碗,但不要緊挨著。用小木勺敲打鋁鍋,觀察發生的現象。

遊戲現象

你會看見塑膠薄膜上面的小米粒四處亂蹦。

科學揭祕

當你用小木勺敲打鋁鍋的時候，鋁鍋會發出叮噹叮噹的聲音，聲音產生了振動，並且產生了聲波。聲波在空氣中四處傳播，觸動到了碗上面的塑膠薄膜，塑膠薄膜也產生了振動，進而使米粒跳動起來。

人之所以能聽得見聲音，是因為人的耳朵有能夠接收聲波的功能。人的耳朵裡面有耳膜，耳膜很薄，高度敏感。當聲波接觸到耳膜的時候，耳膜就開始了振動。耳膜將這些振動，迅速傳播到耳朵裡面的液體中。於是，聽覺神經將這些聲音所蘊含的資訊，傳遞到大腦，大腦對這些聲音所蘊含的資訊進行解讀，這樣我們就能聽到各式各樣的聲音了。

搖不響的小鈴鐺

大家都知道，小鈴鐺一搖，就會發出清脆的聲音，可是，這裡的小鈴鐺卻搖不響，是怎麼回事呢？

遊戲道具

兩個同等大小的鐵製圓筒，兩個比圓筒大的膠塞，一個鈴鐺，一盞酒精燈，一個鐵支架，水。

遊戲步驟

第一步：在每個膠塞的下面繫一個小鈴鐺，用塞子塞緊筒口。

第二步：兩個鐵筒各自取上底，換上膠塞，塞緊筒口，使之不漏氣。

第三步：搖動鐵筒，從兩個鐵筒中都發出悅耳的鈴聲。

第四步：取下其中一個鐵筒的膠塞，向筒中注入少量的水，把鐵筒放在鐵支架上加熱，使筒中的水沸騰；等大部分空氣排出後，迅速塞緊膠塞，再把鐵筒放入

冷水中冷卻，然後搖動鐵筒，就聽不到鈴聲了，而搖動另一個鐵筒卻仍然聽到鈴聲。

科學揭祕

當加熱後的空氣全部排出後，把密閉的鐵筒放入冷水中冷卻，這樣，鐵筒裡形成了真空，所以再搖動鐵筒就聽不到鈴聲了，這說明聲音能在空氣中傳播，而在真空中是不能傳播的。

自造三弦琴

你喜歡音樂嗎？下面的科學小遊戲，告訴你自造三弦琴的方法。

遊戲道具

小鐵盒一個，三條橡皮筋（寬度各有區別），兩支筷子。

遊戲步驟

第一步：將三條橡皮筋套在鐵盒上，這樣一個簡易的三弦琴就製作好了。撥動橡皮筋，觀察發生的現象。

第二步：兩支筷子插在橡皮筋下面，鐵盒每端各插一支。

第三步：再次波動橡皮筋，觀察發生的現象。

遊戲現象

第一次撥動橡皮筋的時候，你會聽到聲音含糊不清，而且十分單調；第二次撥動橡皮筋的時候，三弦琴的聲音變得清晰動聽了，這是為什麼呢？

科學揭祕

原來，這和共振有關。共振是物理學上的一個運用頻率非常高的專業術語。共振的定義是兩個振動頻率相同的物體，當一個發生振動時，引起另一個物體振動的現象。共振在聲學中亦稱「共鳴」，它指的是物體因共振而發聲的現象，如兩個頻率相同的音叉靠近，其中一個振動發聲時，另一個也會發聲。

當你第一次撥動橡皮筋時，橡皮筋和鐵盒產生了摩擦，阻礙了橡皮筋振動的傳播，所以聽起來含糊不清。第二次撥動橡皮筋時，筷子將橡皮筋懸空，使橡皮筋和鐵盒的摩擦減少，橡皮筋和鐵盒裡面的空氣發生共振，進而產生振動，聲音也因此更加清晰，更加深沉。

根據共振的原理，人們製造了小提琴等弦樂器。在此類樂器中，都有一個小空間，空間內的空氣和琴弦發

生共振，進而發出美妙多彩的音樂——這就是弦樂器的發聲原理。

共振能夠帶來美妙的音樂，也能帶來災難。如果一座大橋，橋面上的交通工具或者行人所發出的振動，和大橋本身的振動相同的話，所有的振動，就會產生一個頻率相同的共振，大橋就會面臨坍塌的危險。

氣球載人

一些所謂的氣功大師站在氣球上飄飄然,他們真的有什麼特異功能嗎?為了解開這個謎,科技小組的同學們一起設計了以下實驗。

遊戲道具

氣球數個,一塊光滑的長木板。

遊戲步驟

第一步:在兩個相同的氣球裡邊充滿氣,並排放在地面上,上面放置一塊光滑長木板,體重小一些的同學站了上去,氣球安然無恙;體重大一些的同學站上去,氣球「砰」的一聲破裂了。

第二步:將兩個氣球套起來,再充滿空氣,在長木板兩端各放置一個這樣的氣球,體重大一些的同學站了上去,氣球安然無恙,重複數遍,效果皆然。

科學揭祕

為什麼弱小的氣球能承擔人的重力呢?原來氣球裡的

空氣能將受到
的壓力向氣球
各個方向均勻

分散，就像自行車輪胎裡的空氣能將你的重力均勻分
散到輪胎各個地方一樣，從這個角度進行計算如下：

①設每個氣球直徑d＝20公分，由面積公式s＝$4\pi r2$，
可知，兩個氣球表面積s＝2512平方公分。

②設一個同學的重力G＝500N，由壓強公式p=F/S，可
知每平方公分面積上受到的壓力只有0.2N，這是完全
可以承擔的，實驗揭開了謎底，氣球載人不是神話，
而是科學。

遊戲提醒

本實驗要注意以下幾個問題：站上去的同學要盡力保
持平衡；上下木板時不能又蹦又跳，這會大大增加對
氣球的壓力的；木板和地面要光滑，任何的小凸起都
可能造成實驗的失敗。

手機演繹的物理奧祕

手機的應用已非常普遍，它除了具有通訊、娛樂等作用外，在物理實驗教學中也有著廣泛的作用。

①一支小小的手機可以證明：聲音是由物體振動產生的。

遊戲方法

先將手機設置成「來電振動」顯示狀態，並放在工作台面上，手機不振動，沒有發出聲音；接著用另一隻手機撥打該手機，手機振動，可以聽到手機與桌面間因振動發出的聲音，說明聲音是由物體振動產生的。

②一支小小的手機可以證明：聲音的傳播需要介質。

遊戲方法

將手機設置為「來電鈴聲」顯示並懸掛在玻璃罩內，用另一支手機去撥打它，可以清楚地聽到鈴聲。用抽

氣機逐漸抽去玻璃罩內的空氣，鈴聲越來越小，直到聽不到了，說明聲音不能在真空中傳播。

③一支小小的手機可以證明：電磁波能在真空中傳播。

遊戲方法

將手機放在玻璃罩內，用另一支手機撥打，能接通；將玻璃罩內空氣抽去，依然可以接通；這說明電磁波可以在真空中傳播。

④一支小小的手機可以證明：靜電屏蔽。

遊戲方法

取一封閉金屬網罩（網格要小些，如鐵紗網），將手機懸掛其內，然後用另一支手機去撥打，聽到的聲音是「對不起，您撥的電話暫時無法接通，請稍後再撥」，說明金屬網罩內沒有電磁信號，該手機已經被遮罩。

銅絲為什麼會發熱？

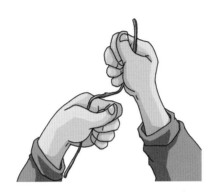

一根銅絲拿在手中，感覺涼絲絲的。突然之間它會變得灼熱燙手，你知道這是為什麼嗎？

遊戲道具
銅絲一根（或者鐵絲）。

遊戲步驟
兩手僅僅捏住銅絲，迅速折彎多次，然後用手試探折彎處，會有怎樣的感覺呢？左手緊握銅絲，右手拉住銅絲在左手間快速抽動數次，感覺有怎樣的現象產生呢？

遊戲現象

感覺銅絲變得灼熱燙手。

科學揭祕

這是因為物體之間的摩擦，可以產生熱能。

第一個實驗是銅絲在折彎的時候，銅絲內部分子之間產生劇烈摩擦，摩擦力轉換成了熱能；第二個實驗是銅絲和手之間的摩擦，銅絲和手之間的摩擦轉換成了熱能。這兩種情況都是由機械能轉化成熱能的經典案例。

巧手製作保溫器

學會下面這個小遊戲，你可以向同伴們炫耀：你看，我自己也會製作熱水瓶了哦！

遊戲道具
帶蓋子的大瓶子一個，帶蓋子的小瓶子一個，小玻璃杯一個，熱水一杯，膠帶一圈，玻璃杯一個，軟木塞一個，剪刀一把，鋁箔兩小片。

遊戲步驟
第一步：將兩小片鋁箔包在帶蓋的小瓶子外面，用膠帶固定。鋁箔的亮面朝裡。

第二步：在玻璃杯和帶蓋的小瓶子裡面倒上熱水，將小瓶蓋擰緊。

第三步：軟木塞放在大瓶子的底部，將小瓶子放在軟木塞上面，蓋上大瓶蓋，這樣，一個保溫器就製作完成了。

第四步：十分鐘後，觀察小瓶子和玻璃杯裡面的水，看看情況怎樣。

遊戲現象

十分鐘後，取出大瓶子裡面的小瓶子，用手指試探，小瓶子裡面的水是熱的，而玻璃杯裡面的水溫，遠遠低於小瓶子裡面的水溫。

科學揭祕

「絕緣體」能有效阻止熱能的傳播。如果熱的物體被絕緣，那麼溫度就會保持長久；反之，熱的物體如果不被「絕緣」，就會很快變冷。絕緣體的作用，就是不讓熱（同時包括熱外面的冷）輕易通過。我們日常用的熱水瓶，就是這個道理。

在這個小遊戲中，瓶蓋阻止了熱向上散發，軟木塞和大瓶中的空氣，阻止了小瓶子熱水向下和四周傳導熱能；而鋁箔的亮面，也有助於保溫。

暖瓶中為什麼總會是熱的？因為暖瓶中有亮面做為襯裡，有嚴密的瓶蓋，所以熱水的大部分熱能無法散逸逃出。暖瓶不但可以保溫，還可以保冷：將冷飲放進暖瓶中，冷飲也不會變熱，因為暖瓶阻擋了外面的熱能進入。

無法燒毀的布條

布條上面沾滿了易燃的酒精，酒精燒完了，布條卻毫髮無傷，你知道這個布條為什麼如此神奇嗎？

遊戲道具

棉布條一根，蠟燭一根，打火機一個，酒精少許，一杯清水。

遊戲步驟

第一步：將棉布條用水浸濕，中間滴上少許酒精。

第二步：點燃蠟燭，用手握住布條兩端，將布條張開，移動到蠟燭上方，讓蠟燭火焰燒烤滴有酒精的部分，觀察發生的現象。

遊戲現象

棉布條滴有酒精的部位上方燃起了火焰，就像蠟燭的火焰穿過了布條在燃燒一樣。當拿下布條時，奇怪的現象出現了：布條竟然沒有燒毀！

科學揭祕

在揭示這個遊戲現象之前，我們先看一下下面這個類似的小遊戲：

用白紙做成的杯子，裝上水在蠟燭火焰上燒烤。杯子裡面的水燒開了，但紙杯卻沒有著火。

原來，水在沸騰過程中，溫度都不會超過100℃。被水浸透的棉布，只要水分不乾，棉布在火上燒烤，棉布的溫度也不會超過100℃。所以，雖然酒精燃燒了，紙裡面的水燒開了，棉布和白紙都沒有被燒毀，因為棉布和白紙的燃點都超過了100℃。

神祕消失的熱量

我們知道，能量是以不同的方式存在的，既不會憑空產生，也不會憑空消失，它只能從一種形式轉化為另一種形式。可是，在本遊戲中，火焰產生的熱能，為什麼消失了呢？

遊戲道具

燒杯一個，酒精燈一盞，溫度計一個，勺子一支，打火機一個，冰塊和水適量。

遊戲步驟

第一步：將冰塊和水混合倒在燒杯中，一邊倒一邊用勺子攪拌，然後用溫度計測量燒杯內液體的溫度，直到顯示為0℃為止（要讓溫度計上的小球完全浸沒在冰水中，不要碰燒杯壁）。

第二步：用打火機點燃酒精燈，將燒杯加熱一分鐘，熄滅酒精燈，用勺子攪拌燒杯內的冰水。

第三步：用溫度計重新測量燒杯內的冰水，觀察發生的現象。

遊戲現象
溫度計還是顯示為0℃。

科學揭祕
酒精燈燃燒了一分鐘產生的熱量，全部傳導給了燒杯，可是燒杯內的溫度卻一點也沒有增加，酒精燈傳導的熱能，為什麼消失了呢？

事實上，熱能一點也沒有消失。只要水裡面有冰，水溫總會保持在0℃。給燒杯加熱的熱能，都被融化的冰消耗了。當冰水裡面的冰徹底融化後，繼續加熱，熱能才能使水溫升高。

鐵環中的硬幣

一個很有意思的關於熱脹冷縮的小測試，如果不實際動手，恐怕會有很多人答錯。

遊戲道具

硬幣一枚，細鐵絲一根（粗細和迴紋針差不多），長柄木夾子，蠟燭一根，尖嘴鉗一把，打火機一個。

遊戲步驟

第一步：鐵絲通過硬幣平面直徑，將硬幣環繞，然後用尖嘴鉗將鐵絲介面處擰緊，形成一個鐵絲環。鐵環的要求是：硬幣剛好豎立從裡面通過，不大不小正合適。

第二步：打火機點亮蠟燭，長柄夾子夾住硬幣，在蠟燭火焰上燒烤幾分鐘。

第三步：再次將硬幣放入鐵環中，觀察發生的現象。

遊戲現象

硬幣無法通過鐵環了。

科學揭祕

硬幣受熱後發生了膨脹，所以無法通過鐵環。等硬幣
冷卻後恢復了原狀，又能通過鐵環了。

被點燃的蠟燭

點燃蠟燭，這應該是很容易的事情。但不許使用化學方法，不許接觸蠟燭燭芯，你能將蠟燭點燃嗎？

遊戲道具
打火機一個，蠟燭一根。

遊戲步驟
第一步：先用打火機點燃蠟燭，讓蠟燭燃燒片刻。

第二步：吹滅蠟燭，觀察燭芯冒出來的白煙。

第三步：用打火機的火焰接觸白煙，觀察發生的現象。

遊戲現象
你會發現蠟燭重新被點燃了。

科學揭祕
儘管打火機的火焰沒有接觸到燭芯，蠟燭卻被神奇地點燃了起來，這是為什麼呢？原來，蠟燭經過燃燒被吹滅後，蠟燭燭芯以及其周圍的蠟質，都還處於極高

的溫度中，被大量熱量包圍著。這些熱量以白色煙霧
的形式散發出來，這些帶有大量熱量的煙霧，是可以
被點燃的，遇到明火即可燃燒，引燃了蠟燭。

煮不死的魚

我們知道，將一條活魚與冷水同煮，水不到沸騰時，魚就會死去。而下面介紹的一個小實驗卻會讓你感到吃驚：魚可以在沸騰的水中自由自在地游來游去。

遊戲道具
活的小魚一條，大試管一個，酒精燈一盞，打火機一個，清水適量。

遊戲步驟
第一步：取一個大試管，裡面裝滿水，再放入一條小魚。

第二步：用酒精燈加熱試管上部，直到上部的水沸騰。

遊戲現象
你將看到，試管上部的水沸騰了，而底部的小魚卻若無其事，依然在游動。

科學揭祕

小魚為什麼煮不死呢？這是因為水是極不容易傳熱的物質，即使試管上部的水溫升到100℃，下面的水仍然是冷的，所以下面的小魚不會被煮死。

遊戲提醒

如果用酒精燈加熱試管的下部，問題就出來了，這時試管下部是熱水，而上部是冷水，熱水的密度小，就會上升，而冷水就會下降，進而形成對流，將熱量傳到水的上部，這樣整個試管中的水就會沸騰，小魚就只有死路一條了。

杯中的水為什麼會發熱？

在農村流行著一種簡易熱水器，黑色的塑膠袋裡面裝滿了清水，日曬後水溫升高，就可以洗澡了。你知道這是為什麼嗎？

遊戲道具
兩個玻璃杯，一塊黑布，一個溫度計。

遊戲步驟
第一步：兩個玻璃杯內裝滿清水，放置在陽光充足的地方。

第二步：將一個玻璃杯蒙上黑布，一段時間後，用溫度計探測兩個玻璃杯裡面的水溫。

遊戲現象
蒙有黑布的玻璃杯水溫升高。

科學揭祕
這是因為黑色的東西容易吸收陽光。在本遊戲中，黑

布吸收陽光，將陽光聚集在一起轉化為熱量，熱量將周圍的空氣和下面的水加熱。我們平時穿黑色的衣服，在陽光充足的天氣會感到更熱。農村中的簡易熱水器，全都是用黑色塑膠袋製作的，就是考慮了黑色吸收陽光的這一原理。

耐高溫手帕

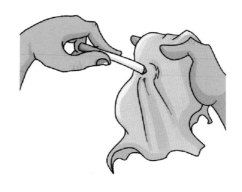

薄薄的絲織品手帕,一根點燃的香菸卻燙不壞。大家
都知道,香菸燃燒時的表面溫度為200℃到300℃之
間。什麼樣的手帕這麼神奇,可以承受如此高溫呢?

遊戲道具
硬幣兩枚,舊手帕一條。

遊戲步驟
第一步:將硬幣緊緊包裹在手帕中,用力擰緊。

第二步：點燃一根香菸，用香菸燙包裹硬幣的手帕（香菸和手帕接觸的時間不宜過長）。

遊戲現象

手帕完好無損，沒有被燙壞。取一條舊手帕，如果不包裹硬幣，手帕一下子就被燙出了一個洞。

45

科學揭祕

這是因為手帕接觸到菸頭後，裡面的硬幣很快將菸頭的熱量分散，所以手帕完好無損。如果菸頭在手帕上停留的時間過長，熱量就會越積越多，得不到很好的揮發，手帕就會被燙壞。

手的「魔力」

太陽可以提供熱能，高處墜落的水能夠提供動能，那麼，我們的人體有能量嗎？

遊戲道具
帶有橡皮擦頭的鉛筆一枝，剪刀一把，A4紙一張，大頭針一枚。

遊戲步驟
第一步：用剪刀將紙裁成7.5公分見方的正方形，沿兩條對角線分別對折，展開之後紙上會出現兩條交叉的痕跡。

第二步：按照折痕，將正方形往上推，形成一個高度大約為1.25公分四面凹的椎體。

第三步：取來鉛筆和大頭針，並將大頭針插入橡皮頭，將椎體兩條對角線的交叉點頂在大頭針上。

第四步：坐在椅子上，將鉛筆夾在膝蓋中間，將雙手併攏成杯狀，放在距離椎體2.5公分的地方。

遊戲現象

一分鐘過後，手就會發出神奇的「魔力」，椎體慢慢地旋轉起來。

科學揭祕

椎體之所以能夠旋轉，是因為我們的手有溫度，提供了熱能，使椎體附近的空氣受熱，發生上升現象，因此能夠使大頭針上端平衡的紙轉動起來。

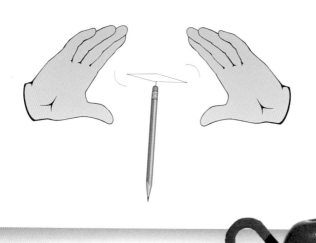

教你做「孔明燈」

相傳「孔明燈」是三國時期
蜀國大軍事家、大謀略家諸
葛亮發明的，用於戰爭期間
部隊之間互相通信，現在，
請跟著下面這個遊戲動動
手，你也來做盞孔明燈吧！

遊戲道具
薄紙若干張，剪刀一把，竹條一根，細鐵絲一根，膠
水，酒精棉球，火柴一盒。

遊戲步驟
第一步：把薄紙剪成若干張紙片，將第一張紙片的
一邊與第二張的一邊黏在一起，再黏第三張、第四
張……依次黏上去，直到拼成一個兩端鏤空的球狀
物，像一個燈籠一樣。

第二步：再剪一張圓形薄紙片，把上面的圓空口糊

住，膠水乾了以後，把紙氣球吹脹。

第三步：用一根薄而窄的竹條，彎成與下面洞口一樣大小的竹圈，在竹圈內交叉兩根互相垂直的細鐵絲並繫牢，然後把竹圈黏在下面洞口的紙邊上，把酒精棉球紮在鐵絲中心，這樣，孔明燈就做好了。

科學揭祕

這個遊戲利用了空氣受熱膨脹的原理，點燃酒精棉球時，孔明燈內的空氣受熱，體積就會膨脹，就會向外跑一部分，這時孔明燈受到的空氣的浮力大於孔明燈的自重和內部的空氣的自重之和，孔明燈受到向上的浮力，就會飄起來。

遊戲提醒

注意糊成的紙氣球除了開口以外，其他部分不能漏氣。

水火交融

真是不可思議！水和火不是一對冤家嗎？怎麼會相互
交融呢？

遊戲道具
蠟燭，鐵釘一枚，大口玻璃杯，火柴。

遊戲步驟
第一步：在大口玻璃杯中注入2/3清水。

第二步：讓一截蠟燭頭漂浮在裝滿水的大口玻璃杯
中，事先要用一枚合適的鐵釘為其加重，讓蠟燭頭的
上端剛好露出水面。

第三步：點燃蠟燭，觀察會發生什麼現象。

遊戲現象
蠟燭燃燒一段時間後，照理應該下沉才是，也就是
說，當蠟燭頭和鐵釘的分量大於被排除的水量時。但
是，蠟燭卻仍然飄在水面繼續燃燒。

科學揭祕

因為在火苗周圍形成了一層薄薄的蠟膜壁。蠟在水中達不到熔點，所以不會蒸發和熄掉。

紙杯燒水

燒水通常用的是鐵壺、銅壺，你想過用紙杯也能燒開水嗎？

遊戲道具

一個質地較硬的紙杯，蠟燭一根，鐵鉗一把，一盒火柴，清水適量。

遊戲步驟

第一步：在一個水泥平台上，用火柴點燃蠟燭。

第二步：用鉗子夾起紙杯，懸在火焰正上方。

第三步：一直端著紙杯，直到水燒開。

遊戲現象

紙杯中的水已經沸騰，但是紙杯卻不會被點燃。

科學揭祕

火焰的溫度原本高於紙杯的燃點，可是由於紙杯和水都被加熱，紙杯中的水吸收了大量熱量，而開水的溫度低於紙的燃點，這樣紙杯的溫度始終無法達到燃點，於是紙杯就不會燃燒。在這裡，水起到了控制溫度的作用。

水中取糖

我們知道火中取栗會燙手，在水中取糖該用怎樣的妙法呢？

遊戲道具

白糖少量，小湯勺一支，爐子一個，打火機一個，鋁鍋一個。

遊戲步驟

第一步：鋁鍋內裝水，放入白糖適量，用湯勺攪拌，使之徹底融化。

第二步：打火機點燃爐子，將鋁鍋放置在爐子上面，不停蒸煮。

第三步：期間品嚐鍋蓋上面凝結的水滴。隨著水分逐漸蒸發，觀察發生的現象。

遊戲現象

鍋蓋上面凝結的水滴是淡水的味道，沒有一點白糖的甜味；當鋁鍋內的水分蒸發到一定程度時，你會看見有白糖離析出來。

科學揭祕

水受熱會蒸發，但白糖受熱不會蒸發，所以鋁鍋鍋蓋上的水沒有甜味。鍋內的水分蒸發完畢後，會將白糖留下。這樣，你就成功將白糖從水中取了出來。

你還可以用清水和咖啡、清水和鹽來做這個實驗，得到的結論都是一樣的。如果想將溶液進行分離，蒸發就是一種最好的方法。我們得出的結論是：可溶物質是不會和水一起蒸發的。蒸發可以使溶液分離，但只有純淨的水才能被蒸發出來。

漂浮在水面上的彩雲

水壺裡面的冷水為什麼能被燒熱煮沸？看完下面這個「漂浮在水面上的彩雲」的小遊戲，你就會明白其中的道理了。

遊戲道具
一個透明的玻璃容器，一個小玻璃瓶，紅色墨水。

遊戲步驟
第一步：玻璃容器內倒上溫度較低的清水。

第二步：小瓶內裝滿熱水，滴入幾滴紅墨水。

第三步：將小瓶子蓋好蓋，放入玻璃容器內，玻璃容器內的水要將小瓶子淹沒，然後去掉小瓶子上面的蓋子，觀察發生的現象。

遊戲現象
小瓶子內的紅色墨水從玻璃容器內漂浮到了液體表面，就像漂浮在水面上的彩雲。彩雲在水面上擴散，不一會兒開始下沉，和其他無顏色的清水融合。

科學揭祕

水和其他物質一樣，也是由很小的分子構成的。水受熱，水分子的運動加速，水分子開始鬆散開來，由冷狀態的緊密排列，變成了熱狀態下的鬆散排列，因此質地變得更輕。這就是為什麼溫度較高的彩色水，漂浮在溫度較低的清水上面的緣故。隨著兩種水溫的接近，差別消失，兩種顏色的水開始互相融合了。

知道了這個遊戲的科學道理，我們再看為什麼水壺中的冷水受熱後變暖煮沸。水壺和湯鍋一般都是用鋁製品做成的，能夠很好地聚集熱量和散發熱量。水壺受熱後，水壺底部的水開始受熱，溫度變高，開始上升；溫度較低的水開始下降。就這樣冷熱循環，熱能被傳導到水壺的各個地方，這種方式叫做對流。透過對流，爐火將水壺中的水燒熱煮沸。熱量在空氣中的流動，也是這個道理。

57

漂浮在水面上的針

比水重的針，能在水面上漂浮，你知道這是為什麼嗎？

遊戲道具

縫衣針一根（或大頭針），乾淨的玻璃杯一個，濾紙一張，清水適量，肥皂水適量。

遊戲步驟

第一步：玻璃杯內加注適量清水。

第二步：將縫衣針或者大頭針放在濾紙上，一起放入杯子的水面上，濾紙承載著縫衣針，漂浮在液面上。

第三步：稍等片刻，觀察發生的現象。

第四步：往玻璃杯內注入少許肥皂水，觀察發生的現象。

遊戲現象

稍等片刻之後，濾紙被水浸濕，濾紙下沉，卻發現縫衣針漂浮在水面上了；往玻璃杯裡面添加了肥皂水後，卻發現縫衣針下沉到了水底。

科學揭祕

促使液體表面收縮的力叫做表面張力。液體表面的分子受到向內的一股力量牽引，所以液體會盡量向內收縮，滴在桌子上的水滴不會無限制平攤，而是形成圓球狀，就是液體表面張力作用的結果。

縫衣針之所以漂浮在水面上，是因為液體表面張力的作用。和縫衣針接觸的液體，形成了表面張力，就像繃緊的薄膜，將縫衣針托在水的表面上。

加入肥皂水，破壞了水的表面張力，所以導致縫衣針下沉。

一般情況下，水的表面張力大約為71.96達因／公分；而1％肥皂水的表面張力約為29.11達因／公分，5％肥皂水的表面張力約為28.26達因／公分。由此可知，肥皂水的表面張力小於水的表面張力，水內注入肥皂水後，混合液體的表面張力降低，導致縫衣針下沉。

噴水比賽

這是一個簡單而且好玩的遊戲，建議遊戲人數在兩人以上。

遊戲道具
一人一個空罐頭，鐵錐一把。

遊戲步驟
第一步：每人自己用鐵錐在空罐頭上鑽出一個小孔（鑽孔的時候要注意安全，千萬別扎傷手）。

第二步：用手指堵住小孔，往罐頭裡面注滿水。

第三步：參加遊戲的小朋友們站在一條直線上，伸直手臂。隨著一聲比賽開始，一起放開堵住小孔的手指，看誰的罐頭裡面的水噴的最遠。

科學揭祕

其實不用比賽，單看罐頭上鑽的小孔就知道遊戲的勝負了。在罐頭上端鑽洞的，流出水的距離最近；小孔越靠下，水噴出的距離也就越長。因為水本身就有一個壓力，小孔上面的水液面越高，水所施加的壓力也就越大，噴出來的水也就越遠。

水滴「走鋼絲」

讓水滴從一條細線上像雜技演員「走鋼絲」一樣「走」過去，你能做到嗎？

遊戲道具
兩個玻璃杯，一塊肥皂，一條細線，膠帶，清水適量。

遊戲步驟
第一步：用肥皂把線擦一遍，在其中一個杯子中倒入半杯水。

第二步：用膠帶把一條細線的兩端固定在兩個杯子的內側，距杯口二～三公分。

第三步：拿起裝水的杯子，與另一個杯子形成坡度。

第四步：輕輕拉緊細線，往外倒水。

遊戲現象
你就會看到水滴在線上一滴滴滾到另一個杯子裡。

科學揭祕

用肥皂把細線擦一遍，改變了水的表面張力，增加了水和線的吸引力。這種表面張力使水變成圓形水滴，並能沿細線流過。

濕衣服上的水到哪裡去了？

衣服用水洗後晾在繩子上，過段時間就乾了，衣服上的水，到哪裡去了呢？

遊戲道具
兩個容量相同的水杯。

遊戲步驟
第一步：將兩個水杯倒滿清水，放置到陽光充足、通風的地方，其中一個水杯蓋緊蓋子，另一個水杯敞開口。

第二步：一天後，觀察兩杯水的液面高度。

遊戲現象
蓋蓋子的水杯液面沒有變化；敞開口的水杯液面降低。

科學揭祕
水杯通風受熱後，杯子中的水分變成了細小的水蒸氣，在空氣中飄走了。衣服清洗後之所以能晾乾，就是這個道理。

除了熱量能使水分子蒸發外，流動的空氣，比如風，我們吹出的氣，也能使水分子蒸發。

在常規氣壓下，水被加熱煮沸後的溫度是攝氏100度。沸騰的水產生了氣泡，氣泡破裂後，形成了一層氣霧，這就是水蒸氣，水蒸氣從水的表面飛散到空中。順便說一下，氣壓不同，水的沸點也不同。在空氣稀薄的高海拔地區，氣壓相對較小，水燒不到攝氏100度，也會沸騰。

等品質的水蒸氣，要比水佔的空間大，大約是水的1700倍。假如將一定品質的水壓縮在一個堅固密封的容器裡，在外面給容器加熱，那麼，容器內的水會變成水蒸氣，所聚集的能量是巨大的。在一定壓力下，水蒸氣釋放出的能量，可以推動機器——19世紀問世於英國、世界上第一台蒸汽機，就是在這個原理指導下發明的。

遇冷膨脹—水的奇怪特性

我們都知道，熱脹冷縮是物體的一種基本性質。在一般狀態下，物體遇冷後會收縮；遇熱後會膨脹。所有的物體都具有這種特性，而且在生活中十分常見。比如：踩扁的乒乓球在熱水中一燙就能恢復原狀，是因為乒乓球內部空氣遇熱膨脹的緣故；鐵軌之間留有縫隙，是為了給鐵軌在遇熱膨脹時留有空間；兩根電線杆之間的電線，在冬天之所以繃得很緊，是因為電線遇冷收縮等等。

但是，有沒有例外呢？

遊戲道具
玻璃瓶一個，冰箱一台，毛巾一條。

遊戲步驟
第一步：玻璃瓶內裝滿冷水，用毛巾包好放進冰箱裡面。

第二步：等玻璃瓶內的水完全結冰後，打開冰箱，觀察發生的現象。

遊戲現象

玻璃瓶被脹裂了。

科學揭祕

水在結冰的時候，體積增大，脹裂了瓶子。毛巾包裹瓶子，是為了防止玻璃碎片散落在冰箱內。

水在攝氏4度以上會熱脹冷縮，而在攝氏4度以下會冷脹熱縮。當液態的水遇冷，變成固體的冰塊時，內部分子之間開始擴大，體積也隨之增大。因此，冰的密度要比水小，巨大的冰塊，之所以能夠漂浮在水面上，就是這個道理。所以，水的體積是超越於「熱脹冷縮」這一規律的。

飄在空中的水

怎樣讓水「飄」在空中，不落下來？這個科學小遊戲可以為你破解難題。

遊戲道具
玻璃杯，平塑膠蓋。

遊戲步驟
第一步：把一個玻璃杯灌滿水，用一個平的塑膠蓋蓋在上面。

第二步：按緊蓋，把杯子一下倒轉過來。把手拿開，塑膠蓋卻貼在杯子上，擋住了杯中的水流出。（動動腦筋仔細想一想，為什麼？）

遊戲現象
水神奇地「飄在空中」。

科學揭祕
在一個十公分高的杯子裡，水對塑膠蓋每平方公分產生的重量為10克（因為一立方公分的水重一克）。而

蓋子外面的空氣對每平方公分的壓力卻達到1000克。
它比水的重量大許多倍,因而死死頂住了塑膠蓋,既
不讓空氣進入,也不會讓水溢出。

乾燥的水

一般情況下水會浸濕其他物體，但在一定條件下也會有「乾燥的水」。當你把手伸進水裡再拿出來時，你會發現手卻是乾的！這是為什麼呢？

遊戲道具
一小瓶胡椒粉，兩個玻璃杯，水，一根研磨棒。

遊戲步驟
第一步：把一個玻璃杯裝滿水。

第二步：在另一個玻璃杯中放入一些胡椒粉，然後用研磨棒慢慢研磨，要研磨得非常細。

第三步：等杯內的水面平衡後，小心地撒上磨得很細的胡椒粉，直到胡椒粉蓋住整個水面，這時不要再移動杯子，以免使胡椒粉沉下去。

遊戲現象
慢慢地將手指伸進水裡，然後迅速拿出，你會發現手完全沒有被水浸濕，是乾燥的。

科學揭祕

伸進水裡的手指，只有擊破水面的膜，才會被浸濕，
而胡椒粉強化了這層膜，使水分子聚合在一起。實驗
中杯裡的水像一個氣球，受到外力擠壓它就會收縮。
只有外力足夠大擊破水膜時，手指才會變濕。

水倒流

你一定聽說過「水往低處流」這句話吧！但下面這個實驗會告訴你，有時水也會向高處走。

遊戲道具

兩張紙巾，飲水杯，水，碗。

遊戲步驟

第一步：把紙巾緊緊捲在一起形成繩索，從中間把繩索折彎。

第二步：將折好的紙繩一端放在杯子裡，另一端靠在碗邊，仔細觀察實驗現象。

遊戲現象

碗中的水慢慢減少。

科學揭祕

碗裡的水透過紙繩滲透到杯子裡，如果杯子的位置相對於碗來說足夠高的話，碗中的水將會被吸乾。這是因為紙巾的纖維之間，有數萬甚至數百萬個小空隙。

水會流進這些小空隙，沿著扭曲的紙巾前進，這種移動叫作毛細作用。水會從植物的根部移動到其他部位，也是這個道理。

遊戲提醒
為了防止漏水，最好在廚房的水槽裡進行這個實驗。

可怕的「流沙河」

《西遊記》裡號稱「鵝毛飄不起，蘆花定底沉」的流沙河很嚇人吧？可是那是神話小說，假的！不過，如果跟著我做，你也能製造出「流沙河」來。

遊戲道具
一小張蠟紙，一顆銅鈕釦，一大碗水，清潔劑。

遊戲步驟
第一步：把蠟紙平放在水面上，在蠟紙上放鈕釦。

第二步：不斷地往水裡滴入清潔劑。

遊戲現象
蠟紙和鈕釦慢慢沉入水底。

科學揭祕
蠟紙就像鵝和鴨子體表油乎乎的羽毛一樣，表面也含有油，是防水的，同時因為油的密度比水小，所以蠟紙能夠托起鈕釦漂浮在水面上。而清潔劑會分解油脂，使水附著在蠟紙上，進而使蠟紙的重量增加，蠟

紙和鈕釦自然就會慢慢沉下去了。

瓶中的雲

空氣中含有水蒸氣，那麼你知道水蒸氣是怎麼生成雲的嗎？

遊戲道具
一個裝汽水的空塑膠瓶，一張黑紙。

遊戲步驟
第一步：將水灌滿空塑膠瓶，然後再將水全部倒出。

第二步：蓋上瓶蓋，用手使勁擠壓塑膠瓶瓶體。

第三步：將塑膠瓶放在桌上，背後襯一張黑紙。

第四步：旋開瓶蓋，稍稍擠壓瓶子的上部，動作要輕，仔細觀察發生的現象。

遊戲現象
當擠壓開著蓋子的空瓶時，你會看到從瓶口升起一小股雲霧！

科學揭祕

在使勁擠壓蓋著蓋子的空瓶時，瓶中的空氣受到壓縮，這就像在加熱，使瓶中殘存的水分變成了看不見的水蒸氣。而旋開蓋子，等於給瓶中的空氣減壓，使它們冷卻，那些已經變成氣態的水分又重新返回液態，於是我們就看到了瓶口上方的雲霧。大氣中的雲也是按這個原理生成的。當地表氣團上升時，升得越高，受到的大氣壓力就越小，因為越高的地方空氣越稀薄。於是，氣團就不斷「減壓」，同時逐漸冷卻。如果這是個濕氣團，它所含有的水蒸氣就會不斷地變成水滴而匯聚成雲！

和水有關的天氣現象

做飯的鍋蓋上，為什麼佈滿細密的小水滴呢？

遊戲道具
鍋蓋一個，鋁鍋一口。

遊戲步驟
第一步：鋁鍋內添加水，蓋上鍋蓋在火上加熱至水沸。

第二步：持續一段時間後，觀察鍋蓋。

遊戲現象
你會發現鍋蓋上佈滿了細密的小水滴。其實這個小遊戲不必單獨做，在媽媽做飯的時候，平時多注意觀察就行了。

科學揭祕
鋁鍋內是水遇熱升溫，沸騰後生成水蒸氣，和鍋蓋接觸。鍋蓋的溫度和水蒸氣的溫度相比較低，水蒸氣遇到冷的鍋蓋，釋放出熱量，又轉化成了液態的水，這

個過程稱之為液化。這也就是鍋蓋上佈滿小水滴的原因。

永不沸騰的水

無論怎樣加熱，這杯水卻怎麼也燒不開，這裡面有什麼科學祕密呢？

遊戲道具
大小燒杯各一個，酒精燈一盞，溫度計一個。

遊戲步驟
第一步：將盛滿水的小燒杯放入盛水的大燒杯裡面去。

第二步：用酒精燈給大燒杯加熱，觀察發生的現象。

遊戲現象
不一會兒大燒杯裡面的水燒開了，但無論加熱多長時間，小燒杯裡面的水卻不沸騰。用溫度計測量，兩個燒杯內的水溫相同。

科學揭祕
在物理學上，水被燒沸稱之為液體氣化。所謂氣化，也就是物質由液態變為氣態的過程。液體氣化要吸收

熱量。大燒杯直接接觸火源，可以源源不斷地得到熱量，不斷地沸騰；而小燒杯只能從大燒杯沸騰的水中得到熱量，小燒杯內的水溫，隨著大燒杯內的水溫一起升高。當大小燒杯內的水溫達到100℃時，大燒杯內的水沸騰氣化，水溫不再升高了。這樣，大小燒杯之間也就不能再進行熱量交換了，小燒杯無法再從大燒杯那裡吸取熱量，也就無法進入氣化狀態。

調皮的軟木塞

一個軟木塞，一會兒喜歡待在
水杯中間，一會兒喜歡待在水
杯旁邊，你知道這裡面蘊含著
怎樣的科學原理嗎？

遊戲道具
玻璃杯一個，軟木塞一個。

遊戲步驟
第一步：將水杯中裝滿水，使水高於杯口。將一個軟
木塞輕輕放在水平面上，觀察發生的現象。

第二步：將杯中的水倒掉一些，使液面低於杯口，將
軟木塞輕放在水面上，觀察發生的現象。

遊戲現象
在第一步中，軟木塞總會跑到杯口邊上，任你一次次
將它放到水中間，它總會一次次游走；第二步中，軟
木塞很不情願待在杯口邊上，這次它十分願意佔據杯
口中間的位置，儘管你一次次將它放到杯口旁邊，它

還是會跑到杯口中央。

科學揭祕

我們知道，水分子之間具有內聚力，這種表現在水表面的內聚力叫做表面張力。它好比一層看不見的膜。液體的表面張力最弱的地方通常是在液體最低處，裝滿水的杯子，水的最低處就是杯口，這裡的表面張力最弱，軟木塞最容易在這裡破壞水的表面張力。這就是軟木塞在中間待不住的原因。知道了這個道理，也就不難解釋為什麼在第二步中，軟木塞願意待在杯口中央了。軟木塞不會在杯子邊上停留是因為有兩個力量跟它作對：一個是表面張力，我們在上一則遊戲中已經談過了；另一個是水和玻璃杯之間的吸引力，水把玻璃杯浸潤了，靠杯口的水面被吸附得高起來一些（這種現象叫做毛細現象）。我們知道，表面張力最弱的地方最容易遭到破壞，現在水面最低處是在中心位置，難怪軟木塞要在水中心待著。

沒有味道的冰淇淋

用了很多牛奶和糖，冰淇淋的表面，卻沒有一點味道，這是為什麼呢？

遊戲道具
白糖和牛奶各適量，不銹鋼大碗一個。

遊戲步驟
第一步：將白糖和牛奶倒入大碗中，調和均勻。

第二步：放入冰箱內冰凍一兩個小時，使其充分冰凍，然後拿出來，品嚐一下。

遊戲現象
和意想之中大不相同的是，擺在你面前的並不是一碗蓬鬆可口的冰淇淋，下面的牛奶還沒凍好，大碗的表面是白生生的冰渣，沒有一點味道。

科學揭祕

為什麼下面的牛奶沒有冰凍？為什麼上面的冰渣沒有味道呢？原來，水在結冰的時候，有一個重要的特性：排除異己。水分子將糖和牛奶都排除了，所以牛奶沉澱在下面。為什麼市面上的冰淇淋牛奶和糖分混淆冰凍在一起了呢？這是因為冰淇淋在生產過程中，是需要不停攪拌的。

海水在結冰的時候，水分子也會將鹽分排擠掉，鹽分會向溫度較高的地方移動。海水的溫度高於冰塊的溫度，所以被水分子排擠出來的鹽分，都移入了大海。鹽分在水分子的排擠、地心引力的雙重作用下，向下移動。所以，一般海平面上的冰，都是淡的，和腥鹹的海水大不相同。當然，這種口味極淡的海水冰，也不是短時間內形成的，需要長年累月，才能將裡面的鹽分排除乾淨。

會跳舞的水滴

在寒冷的冬天圍爐團坐，是一件十分愜意的享受。爐子上的水壺燒開了，沸騰的水滴跌落在火紅炙熱的鐵板上，水滴沒有被蒸發，反倒跳起了舞蹈，真奇怪！

遊戲道具
鐵盤子一個，水壺一個。

遊戲步驟
將鐵盤燒到不同的溫度，每次灑上同樣溫度的水，觀察發生的現象。

遊戲現象
你會看見水滴在溫熱的鐵盤上迅速蒸發乾了；當鐵盤的溫度很高時，水滴非但沒有蒸發，反倒跳起了舞蹈，最長時間竟然持續了三、四分鐘。

科學揭祕
這個現象一度讓科學家們感到費解：溫度較低的鐵盤上的水滴，為什麼反倒要比溫度高的鐵盤上的水滴早蒸發呢？

科學家們為了揭開這種現象，用高速攝影機拍攝了水滴舞蹈時的場景，然後逐一進行分析，終於揭開了裡面的祕密：原來，當水滴碰著灼熱的鐵板的時候，水滴和鐵板相挨著的部分立刻氣化，在鐵板和水滴之間，形成了一個保護層——蒸汽層，蒸汽層使水滴和鐵板隔開，將鐵板的熱量傳到水滴上。鐵板的熱量經過了蒸汽層傳給水滴，熱傳輸的速度變慢。在這個時段內，水滴可以盡情地在灼熱的鐵板上彈跳、舞蹈。而溫熱鐵板上的水滴，沒有蒸汽層的保護，很快蒸發了。

給流水打個結

流水也能夠打成結，科學遊戲真奇妙！

遊戲道具
一個1000克容量的鐵桶，尖鐵錐。

遊戲步驟
第一步：取一個1000克容量的鐵桶，用鐵錐在靠近底部並排鑽五個2mm直徑的小孔。

第二步：把鐵桶放置在水龍頭下方，打開水龍頭，讓水從五個孔中流出。

第三步：用手指在五個孔上滑過，觀察發生的現象。

遊戲現象
五股水流會合併起來，就好像是扭在一起。

科學揭祕
水分子是相互吸引的，並因此在內部產生一種使液體表面縮小的張力。這也是水滴形成的力量。我們在這

個實驗中，可以清楚地看到這種力量：它使水流導向側旁，然後統合起來。

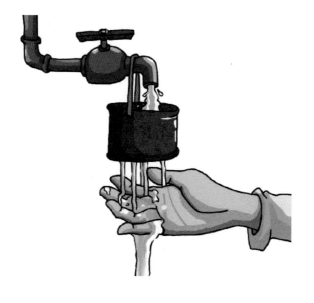

自動灌溉系統

每天都要澆花實在是很麻煩，下面這個小實驗可以幫助你設計一個智慧灌溉系統。

遊戲道具
葡萄酒瓶，花盆，水。

遊戲步驟
把葡萄酒瓶灌滿清水，用手捂住瓶口，然後猛然翻過

來，口朝下插在花盆中。用這個方法，瓶中的水可以灌溉植物好幾天。

科學揭祕
瓶中的水流入土中，待周圍的土壤潮濕以後形成密封狀態，空氣無法注入瓶中，瓶中的水即不再外流。天氣暖和的時候，你可以觀察到，瓶中升起的氣泡，要比天冷的時候多，因為熱天植物需要更多的水。

變色水

我們一起來玩一個叫「變色水」的小遊戲,這裡既沒有魔術技巧,也沒有神奇的幻術,而是奇妙的光學現象。

遊戲道具

一點紅墨水或者紅藥水,無色透明、沒有花紋圖案的玻璃杯一個,檯燈一盞,清水少許。

遊戲步驟

第一步:往玻璃杯裡面注入半杯清水。

第二步:杯子中滴入幾滴紅墨水或者紅藥水。

第三步:打開檯燈,拿玻璃杯對著檯燈觀察,看水裡面的顏色。

第四步:離開檯燈再看,玻璃杯裡面的水,變成了怎樣的顏色?

遊戲現象

對著燈光，玻璃杯裡面的水是粉紅色的；離開了燈光，玻璃杯裡面的水變成了綠色。

科學揭祕

在做這個遊戲之前，大家一定會認為，往水杯裡面滴入紅墨水，水的顏色一定是紅色或者粉紅色的。沒想到這個玻璃杯出現了「魔幻反應」，竟然便成了綠色，你說奇怪不奇怪！

說怪也不怪，因為這裡面有光的科學原理。第一次，我們手拿玻璃杯對著燈光觀察的時候，看到的是透射光，所以看到水的顏色是粉紅色的；當我們離開燈光，光線是從杯中反射出來的光，所以看到的顏色是綠色的。這涉及到兩個概念，投射光和反射光。有興趣的朋友，可以深入瞭解這兩個概念的含意。

遊戲提醒

做這個遊戲時，有紅藥水最好用紅藥水，容易成功，
效果較好。用紅墨水時，得事先試一試，不同牌子的
墨水，效果不一樣，有的甚至做不成這個遊戲。

晝夜分明的地球儀

假如世界沒有光，我們的生活將會變得怎樣？感謝愛迪生發明了電燈，能夠讓我們生活在夜晚的光亮中。下面這個遊戲，讓你認知到光是怎麼傳播的。

遊戲道具
地球儀一個（也可以用大小適中的圓球代替），手電筒一支。

遊戲步驟
第一步：選擇一個房間，關上電源就能使屋子裡面變得黑暗。

第二步：打開手電筒，對準地球儀直射。

第三步：轉動地球儀，觀察發生的現象。

遊戲現象
無論怎樣轉動地球儀，被手電筒照射的半邊總是明亮的，而另一半總是黑暗的。

科學揭祕

這說明光是按照直線的途徑傳播的，它不能彎曲，也
不能自動繞過障礙物，照亮和它不處於一條直線上的
物品。因為光的這種特性，我們才生活在晝夜平分的
生活裡——太陽總會照亮地球對著它的那一半，而另
一半則處於黑夜中。

黑鏡子，亮白紙

在一間漆黑的屋子裡，打開一支手電筒照射前面的一張白紙和一面鏡子，你會感覺哪個更亮呢？或許在這個遊戲開始之前你會信心百倍地說：鏡子比白紙更亮！實踐是檢驗真理的唯一標準，我們先進行遊戲再下結論吧！

遊戲道具

一間屋子，一面鏡子，一張白紙，一個夾子，一支手電筒。

遊戲步驟

第一步：將白紙固定在夾子上，將鏡子和白紙放在前方。

第二步：關掉屋子裡面的燈，使之變成黑暗。

第三步：對著鏡子和白紙打開手電筒，觀察發生的現象。

遊戲現象

如果角度正好合適，你會發現手電筒光籠罩下的鏡子是黑色的，紙則很亮。如果鏡子看上去也是閃亮的，就把鏡子左右調整一下角度鏡子，也就變成黑色不亮的了。

科學揭祕

為什麼在同等條件下，白紙要比鏡子亮呢？這是因為鏡子的表面十分光滑平整，它對光的反射是十分規則整齊的。一束光遇到鏡子後，由於反射光會改變前進方向，但光在新方向上的運動，是十分整齊的。如果你的眼睛和鏡子折射的光不處在同個方向上，你就無法看到鏡子反射的光，所以鏡面看上去是黑色的。當鏡子轉換角度，反射的光進入你的眼睛後，你才能看到鏡子中耀眼奪目的光芒。

而白紙對光的反射就不同了。白紙的表面是凸凹不平

的，光束照射到白紙上後，會向四面八方不同方向反射，這在物理學上稱之為「漫反射」。漫反射使得更多光線進入我們的眼睛，藉助漫反射，我們在任何方向都能夠清晰地看到被照亮的物體，觀察到它們的顏色和細節，並且將它們和周圍的其他物體區分開來。所以，手電筒光照射過去，白紙在任何角度，看上去都是明亮的。

水裡面的硬幣

為什麼我們可以透過透明的玻璃看到對面的東西，而無法透過紙張、鐵片等看到對面的東西呢？這涉及到物體的透光性原理。

清水

透明的玻璃杯

硬幣

遊戲道具
一枚硬幣，一個透明的玻璃杯，清水適量，黑墨水適量。

遊戲步驟
第一步：將硬幣放到玻璃杯裡面，倒上清水，我們可以看到玻璃杯底的硬幣。

第二步：將黑墨水滴到玻璃杯子裡，玻璃杯的水被染黑，觀察發生的現象。

遊戲現象
如果玻璃杯內的清水被稍微染黑，我們還可以看到水

底的硬幣，但是變得模糊了；如果倒入的黑墨水比較多，我們將無法看到玻璃杯裡面的硬幣。

科學揭祕

這說明有的物體具有透光性，比如玻璃和清水；有的物體不具備透光性，比如白紙和鐵片。只有不具備透光性的物品，才能遮擋光線的傳播，形成陰影。

有過海上航行經驗的人都知道，我們可以透過較淺的海水，看到魚蝦、礁石和水草，隨著船隻向海洋深處划動，我們將無法看到海裡面的景象了。這說明即便是具有透光性的同一物品，深度和厚薄也會影響物體的透光效果。大家都知道玻璃是透明的，但是厚度達幾公尺的玻璃，就無法透光了。

除了透明物體和不透明物體之外，還有一種介於兩者之間的東西——半透明物體。這種物體只能讓一定數量的光線通過，留下模糊的輪廓。

水管裡面流動的光

大家都知道,光線是透過直線傳播的。可是你見過在彎曲的水管裡面流動著的光線嗎?

遊戲道具
手電筒一支,透明的軟塑膠瓶一個,透明的薄軟塑膠管一根,黑顏色的厚布一塊,剪刀一把,膠帶適量,打火機一個,蠟燭一根,臉盆一個。

遊戲步驟
第一步:塑膠瓶裡面裝滿清水,蓋上蓋子。

第二步:在塑膠瓶的蓋子上鑽一個小孔;插進塑膠管。用打火機點燃蠟燭,將融化的蠟油滴入塑膠管和瓶蓋之間的縫隙,使之密封、固定。

第三步:手電筒的鏡頭部分和塑膠瓶的底部連接,用膠帶固定,然後再用黑厚布將塑膠瓶和手電筒鏡頭部分包裹嚴實。

第四步：找一間黑暗的屋子，打開手電筒，讓瓶子裡面的水透過管子流入臉盆，觀察發生的現象。

遊戲現象
你會發現水管裡面有發光的水流進了臉盆裡。

科學揭祕
手電筒打開後，光線透過塑膠瓶內的清水，傳播到了管子裡，光線順著管子「流了出來」。

在上面的遊戲中我們知道，光線是透過直線來傳播的，為什麼能穿過彎曲了的軟管呢？光線是無法彎曲的，但可以不斷被水管壁反射，以Z字形的路線向前傳播，這種現象稱之為「全內反射」。

光之所以能通過彎曲的管道，是因為管道將這些光分解成好多部分，然後透過短距離的直線傳播——最終保持直線向前的傳播形式。

水底下的硬幣

遊戲道具

大家都知道水是透明的，玻璃也是透明的。透過透明的玻璃和透明的水，你未必能看到你想看到的東西。

遊戲道具
一個乾淨透明的玻璃，一枚硬幣，一個碟子。

遊戲步驟
第一步：在玻璃杯裡面裝滿清水。

第二步：硬幣壓在玻璃杯下面，玻璃杯上面蓋上碟子。

第三步：試著觀察杯子下面的硬幣，你能看得到嗎？

遊戲現象

無論從哪個方位，你都無法看到杯子下面的硬幣。

科學揭祕

去掉碟子，我們可以清晰地看到水杯下面的硬幣，碟子將硬幣擋住了。光線從一個透明的物體，進入另一個透明物體的時候，會發生折射現象。例如我們平時看盛滿水的游泳池底，要比實際的淺，這是因為折射導致視覺產生了錯誤。水杯上方放置碟子，硬幣的圖像因為折射上移，被反射到了碟子底部，所以無法看到杯子下面的硬幣。

光從一種介質斜射入另一種介質時，傳播方向通常會發生變化，這種現象叫光的折射。舉一個例子而言，在一個玻璃杯裡面裝滿水，插入一根吸管，看起來好像從入水的地方折斷了，這是折射現象造成的錯

覺——當光從空氣中進入水中，形成了折射現象。

游泳池的水，為什麼看起來比實際水位要淺？手指浸入臉盆，為什麼看起來胖了很多？所有這些現象，都是折射現象下的視覺錯誤。水總比我們看到的要深，所以漁夫們用魚叉捕魚的時候，他們不是瞄準所看到的魚的位置，而是瞄準水下稍深的位置來投擲魚叉。

我們平時所說的海市蜃樓，是和光線的折射有關係的——儘管有一些不同的聲音，但目前科學界的主流觀點認為，海市蜃樓是光線的折射性。

光的顏色

我們平時所看到的光，是什麼顏色呢？別急著回答，看看下面這個小遊戲。

遊戲道具
手動小陀螺一個，彩色筆一盒，直尺一把，小刀一把。

遊戲步驟
第一步：用直尺和小刀在小陀螺的表面上，劃分七個面積等同的扇形區域。

第二步：每個區域分別用彩色筆塗上七種顏色：紅色、橙色、黃色、綠色、青色、藍色和紫色。

第三步：快速轉動陀螺，觀察發生的現象。

遊戲現象
你會發現塗滿七種顏色的陀螺表面，成了一種顏色──白色。

科學揭祕

將一個三稜鏡放在陽光下，透過三稜鏡，光在牆上被分解為不同顏色，我們稱為光譜。牛頓的結論是：正是這些紅、橙、黃、綠、青、藍、紫基礎色有不同的色譜才形成了表面上顏色單一的白色光。

上面的這個小遊戲也充分說明，不同顏色在高速旋轉的時候，形成了一種單一的顏色——白色。

近距離觀察照相機暗箱

你知道照相機的暗箱裡面是怎樣一個天地嗎？下面這個遊戲，給你介紹了照相機暗箱替代品的製造方法，可以讓你近距離觀察照相機暗箱裡面的「神祕天地」，到時，你一定會感到既新鮮又有趣。

遊戲道具

沒有蓋的舊鐵盒（如空罐頭）一個，半透明的蠟紙或油紙一張，細線（或橡皮筋）一根，大一些的黑布（或毛毯）一塊。

遊戲步驟

第一步：在鐵盒的底部中心打一個小洞，將蠟紙或者油紙蒙在鐵盒口上，用細線或者橡皮筋固定好。

第二步：將鐵盒放在窗台上。所選擇的這個窗台，要清楚地看到被陽光照射的樹木或其他美景。

第三步：用大黑布將你的頭和鐵盒蓋住，注意別把鐵盒的小孔蓋住。

沒有蓋的舊鐵盒

半透明的蠟紙

橡皮筋

底部中心打一個小洞

第四步：眼睛距離蠟
紙大約三十公分，你
會看到什麼呢？

遊戲現象

你會看到一幅天然色彩的美景。這個美景要比實物景
觀小很多，而且還是倒著的！

科學揭祕

照相機的暗箱，是利用物理學中小孔成像的原理。暗
箱中的景物，倒映在照相機的底片上。只不過照相機
的小孔上面，裝著一塊小透鏡，所以拍到的畫面明亮
而且清晰。

用一個帶有小孔的板遮擋在螢幕與物之間，螢幕上就
會形成物的倒像，我們把這樣的現象叫小孔成像。前
後移動中間的板，像的大小也會隨之發生變化。這種
現象反映了光線直線傳播的性質。

體會被電的感覺

電在我們的生活中用處很大，但是電也很危險。凡是帶電的東西，小朋友們千萬不要隨便觸摸。不過下面的科學遊戲能讓你體驗到看不見的電的存在，既不危險又很好玩，趕快來試試吧！

遊戲道具

一個檸檬，小盤子，9條2.5×5公分的紙巾，5枚5元硬幣，5枚1元硬幣。

遊戲步驟

第一步：把檸檬汁擠到小盤子中。

第二步：將紙巾條浸泡在檸檬汁裡。

第三步：把硬幣疊起，5元和1元的硬幣交互疊放，中間用浸泡過檸檬汁的紙巾分隔開。

第四步：雙手各伸出一根手指，用水弄濕，將這疊錢幣夾在手指中間。

遊戲現象

實驗中你會感到小震動或體會到癢癢的感覺。

科學揭祕

其實這個方法製作的是一個土電池，是我們日常用的電池的前身。因為檸檬汁是一種酸液，它會傳導兩種不同金屬做成的硬幣所產生的電。

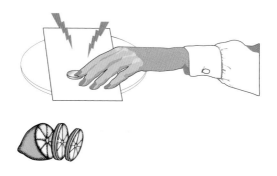

巧妙分辨食鹽和胡椒粉

胡椒粉和鹽不小心裝錯了瓶子，假如你對胡椒粉過敏，無法進行品嚐分辨，該怎樣區分開呢？下面這個科學小遊戲，會告訴你方法。

遊戲道具
每人一把塑膠湯勺；每人一勺鹽、半勺胡椒粉。

遊戲規則

第一步：裁判一人；參加遊戲者兩人以上。

第二步：拿到材料之後，裁判發出指令，宣佈比賽開始。

第三步：誰最先將胡椒粉和鹽分開，誰就得第一。

第四步：用口品嚐和用眼睛來分辨，都有悖科學精神，「嚴厲」禁止。

最優玩法

遊戲者在聽到口令之後，將塑膠湯勺在毛衣或者其他毛料布上摩擦一會兒，然後用湯勺逐漸靠近相鄰的鹽和胡椒粉。

遊戲現象

胡椒粉就會跳起來，被吸附在塑膠湯勺上。

科學揭祕

優勝者的最優玩法，涉及到物理中的靜電常識。塑膠湯勺在衣服上摩擦，會產生電荷，有了吸引力。胡椒粉的重量要比鹽輕，所以帶有靜電的湯勺，將胡椒粉吸了上來。如果湯勺放的太低，那麼鹽分也有可能被吸附上來。

電路是怎麼一回事？

電是怎樣透過電線
來進行照明的呢？

遊戲道具

4.5伏特的電池一
個，長約二十公分
的電線兩條，小燈
泡一個，打火機一
個。

遊戲步驟

第一步：用打火機將電線兩頭的塑膠皮燙軟，然後擼
掉。

第二步：兩條電線各一端，分別接到電池的接觸點
上。

第三步：兩條電線的另外一端，一截和小燈泡螺旋燈

口底端的電觸點相接觸，另一截接觸到螺旋燈口的側面，觀察發生的現象。

遊戲現象
小燈泡亮了起來。

科學揭祕
電池通過內部化學的氧化還原反應，在正極負極間產生電位差，然後透過電線連接燈泡形成一個封閉的迴路，這個路徑就是電路。

電位是指電荷在靜電場中所感受到的能量大小，類似水位高低所形成的水壓。電荷喜歡由電位高的負極跑到電位低的正極。

電池能夠在電路兩邊，保持一定的電位差，所以產生電流，小燈泡可以被點亮。

人造閃電

雷雨之夜，轉瞬即逝的閃電讓人心驚膽顫。如果你想近距離觀察閃電，不妨按照下面這個科學小遊戲，來一個自造閃電。

遊戲道具

一個大平底鐵盤，一塊塑膠布，橡皮擦一大塊，硬幣一枚。

遊戲步驟

第一步：將橡皮擦黏在鐵盤子中央（黏貼的要足夠牢固，能將鐵盤子帶起來）。

第二步：將塑膠布平鋪在桌子上，手握住橡皮擦，在塑膠布上蹭圈子，用時大約一分鐘。

第三步：關掉房間內的燈，讓房間處於黑暗之中。抓住橡皮擦，注意

手指不要碰到鐵盤子，用硬幣和鐵盤子相接觸，觀察發生的現象。

遊戲現象
你會發現，當硬幣和鐵盤子接觸的時候，會發出微弱的火花。

科學揭祕
我們先明白兩個概念——正電和負電。我們知道，電是一種自然現象，分為正電和負電。被絲綢摩擦過的玻璃棒帶正電荷，被毛皮摩擦過的橡膠棒帶負電荷。

鐵盤子在塑膠布上反覆摩擦，帶上了負電。當硬幣和鐵盤子相接觸時，多出的電荷，開始了放電，透過空氣迅速傳到硬幣上。電在空氣中傳播，表現為火花，其實就是微型的閃電。

雲層的祕密

閃電是大氣雲團中發生放電時伴隨產生的強烈閃光現象。閃電可能出現在各種位置：雲層與大地之間、雲層與雲層之間，甚至雲層內部。你想不想自己做個小型閃電來玩呢？

遊戲道具

廚房用隔熱手套，氣球，釘子（長約五公分）。

遊戲步驟

第一步：戴上廚房用隔熱手套，吹起氣球。

第二步：一隻手拿氣球，另一隻手拿釘子。

第三步：將氣球在你的衣服或頭髮上摩擦半分鐘，慢慢地將釘子接近氣球。

遊戲現象

當釘子的尖頭接近氣球時，你會聽到輕微的「劈啪」聲；運氣好的話，還能看到細微的閃光。

科學揭祕

在摩擦氣球時，氣球獲得電荷。當釘子的尖頭接近氣球時，氣球所帶的電荷會向釘子方向集中。而當電荷聚集的數量多到一定程度時，氣球就會向釘子尖頭一端釋放電荷。這個釋放電荷的過程也是加熱空氣的過程，所以空氣會發生小型爆炸，進而產生「劈啪」聲。假如室內相當乾燥，而釋放的電荷又足夠強烈，我們就能看到閃光了。

遊戲提醒

為了達到最佳的效果，最好到一個較暗的房間裡做上面的實驗科學遊戲。

電磁小遊戲

早在1820年，丹麥科學家奧斯特就發現了電流的磁效應，第一次揭示了磁與電存在聯繫，進而把電學和磁學聯繫起來。在下面的這個小遊戲中，我們可以清楚地看到磁電之間的關係。

遊戲道具

電池兩三個，導線一公尺左右，鐵釘一枚，大頭針數枚，小指針一塊，塑膠導線適量。

遊戲步驟

第一步：大頭針上纏繞塑膠導線，塑膠導線在纏繞的時候要細密，多纏幾匝。

第二步：將塑膠導線的兩頭分別接在電池的兩極上，用大鐵釘靠近大頭針，觀察發生的現象。

第三步：將導線拉直，下方平行放置小指針。將導線兩頭接在電池的兩極上，觀察發生的現象。

遊戲現象

在第二步中，大鐵釘莫名其妙地有了磁力，將大頭針吸了起來；當斷電後，鐵釘的磁力消失了；第三步，接通電源後小指針發生了偏轉，斷電後小指針恢復了正常。

科學揭祕

這充分說明了電能產生磁力，通電導線的周圍，存在著磁場。

受熱的磁鐵

磁鐵的磁力是永恆的嗎？加熱磁鐵遊戲，可以給你明確的答案。

遊戲道具

磁鐵一塊，火爐子一個（或者酒精燈），長柄鐵夾子一個，大頭針數枚。

遊戲步驟

第一步：先將大頭針散落在桌子上，用磁鐵靠近大頭針，體驗磁鐵的磁性。然後將磁鐵用鐵夾子夾住，放在火爐子或酒精燈上加熱。

第二步：加熱到一定溫度後，冷卻，然後靠近擺放在桌子上的大頭針，觀察發生的現象。

遊戲現象

高溫受熱後的磁鐵，磁力明顯減弱。如果持續長時間加溫，磁鐵的磁力會消失。

科學揭祕

磁體按照磁性的來源，分為兩種，一種是硬磁材料（也叫永磁材料、恆磁材料或硬磁材料），指磁化後不易退磁而能長期保留磁性的一種材料。我們日常生活中常見的磁鐵，比如收音機的音箱中的磁鐵，都是硬磁材料製成的；一種是軟磁材料，磁性比較容易自然消失。

硬磁材料的磁性，是在充磁機裡「充」出來的，充磁的原理是：將硬磁材料放入特製的線圈中，然後讓強大的電流經過線圈，產生了強大的磁場。這種瞬間出現的強大磁場，能令硬磁材料中的內部磁分子排列正氣，也就是被磁化了。

硬磁材料儘管不容易消失，但在特殊情況下，磁力會減弱或者消失。永磁鐵的分子排列已經十分有規律了，分子排列得越整齊，其磁力越強。在高溫環境

下，磁鐵內分子劇烈運動，會由原來的正氣狀態，變得凌亂不堪，因此，磁鐵的磁力減弱，甚至消失。

磁鐵的磁力

磁鐵的磁力，到底會對哪些物質發生作用呢？

遊戲道具
鐵釘，木筷，紙條，銅塊（如果可以的話，找一些純金和純銀製品），小石子，玻璃，磁鐵一塊。

遊戲步驟
第一步：將上述材料分類，放置在桌子上。

第二步：用磁鐵靠近上述物品，觀察發生的現象。

遊戲現象
磁鐵除了能將鐵釘吸起來之外，對其他物品都無法產生磁力，無法將它們吸起來。

科學揭祕
這是因為磁鐵只能吸引鐵、鈷、鎳等金屬物質，對於非金屬物質，比如玻璃、塑膠、木筷、石頭等，都沒有吸引力。磁鐵並非對所有的金屬物質都具有吸引力，經過上述遊戲可以看出，磁鐵對於金、銀和銅，也是沒有吸引力的。

鐵釘為什麼有磁性了？

一根普通的鐵釘，用什麼最簡單的方法能使之具有磁性呢？

遊戲道具

鐵釘一枚，磁鐵一塊，細鐵屑少許。

遊戲步驟

第一步：將細鐵屑灑在白紙上。

第二步：鐵釘在磁鐵上摩擦幾下，然後靠近細鐵屑，觀察發生的現象。

遊戲現象

鐵釘具備了磁性，細鐵屑被吸了起來。

科學揭祕

這是因為磁鐵具有順磁性。磁鐵的周圍，是一個「強力」磁場，鐵釘在磁場的作用下，其內部的電子排列順序發生了變化，具有了磁性。

被敲打的鐵棒

用鐵錘敲打一根鐵棒，除了聽到清脆的撞擊聲外，還會產生什麼呢？

遊戲道具

鐵棒一根，鐵錘一把，細碎的鐵屑少許。

遊戲步驟

第一步：將鐵棒拿在手中，呈南北方向和地面水平，鐵錘對著鐵棒敲打幾下，然後靠近灑在紙上的鐵屑，觀察發生的現象。

第二步：將鐵棒調轉方向，呈東西方向，然後再用鐵錘敲打，觀察發生的現象。

遊戲現象

在第一步中你會看到，鐵棒被敲打後具有了磁性，將白紙上的細碎鐵屑吸了起來；在第二步你會看到，鐵棒被敲打後，磁性消失了，吸附在鐵棒上的鐵屑掉了下來。

科學揭祕

我們生活的地球，

被從南北極發出的磁力線包圍著。鐵棒在南北方向的時候，受到了震動，鐵棒中的磁粒子發生了位置轉移，在磁力線的作用下指向了北方，所以，鐵棒產生了磁力。鐵棒對準東西方向，受到振動後磁粒子位置再次移動，發生了混亂，所以磁力消失。

鐵棒在這種情況下，產生的磁性是極其微弱的。如果無法用鐵屑測出鐵棒是否具有磁性，我們可以改用指南針。即便是最微弱的磁性，指南針也能對此做出反應。指南針具有南北兩極，而帶磁力的鐵棒，即便磁力極其微弱，也有南北兩極。當帶磁力的鐵棒接近指南針時，鑑於同性相斥、異性相吸的原則，指南針的一端就會被鐵棒吸引，而另一端則會被鐵棒排斥。如果鐵棒沒有磁性，指南針會保持原貌不動。

鉛筆為什麼會轉動？

一枝鉛筆，在磁鐵面前為什麼會轉動呢？

遊戲道具
鉛筆一枝，磁鐵一塊。

遊戲步驟
第一步：將鉛筆平衡支在一個可以自由轉動的點上，比如下面橫著放一個圓柱形的物體。

第二步：磁鐵靠近鉛筆尖，觀察發生的現象。

遊戲現象
鉛筆隨著磁鐵轉了起來。

科學揭祕
這是因為鉛筆中的石墨，被磁鐵所吸引的緣故。石墨中的微小磁顆粒，在石墨體內混亂地排列著，磁鐵發出的磁力，使得石墨顆粒發生了有序排列，石墨被磁化，出現了南北兩極，隨後被磁鐵所吸引。

水中游走的磁鴨子

你知道什麼是磁鴨子嗎？認真看完下面的科學小遊戲，你就能親手製作了。

遊戲道具

磁鐵一塊，大頭針兩枚，彩紙兩張，剪刀一把，膠帶適量，臉盆一個。

遊戲步驟

第一步：用剪刀將彩紙剪成兩個鴨子的形狀。

第二步：大頭針反覆在磁鐵上摩擦幾次，使之磁化，然後用膠帶紙將大頭針黏貼在鴨子頸部。

第三步：用剩餘的彩紙，在鴨子底部製作一個底座，使鴨子能夠直立。

第四步：臉盆內裝水，將兩個磁鴨子放進水盆，觀察發生的現象。

遊戲現象

磁鴨子在盆子裡面，一開始做著弧形運動，繼而嘴巴和頭部互相黏貼在了一起，轉向了東西方向。最令人忍俊不禁的是，兩隻鴨子嘴對嘴，童趣盎然。

科學揭祕

鴨子在臉盆裡面的運動，來自於各方面力量的作用：兩個磁鐵，相反磁極的吸引、同樣磁極的排斥，還有地磁場的作用。

看得見的磁力線

磁力線是人們定義的假象線，是沒有具體形狀的。但是，下面這個科學小遊戲，卻能使你清楚地看到磁力線的「形狀」。

遊戲道具

白紙一張，磁鐵一塊，鐵挫一把，廢鐵一塊。

遊戲步驟

第一步：用鐵挫將廢鐵反覆挫割，將鐵挫挫下來的細碎鐵屑收集起來。

第二步：白紙下面放置磁鐵，白紙上面灑上細碎鐵屑，輕輕敲打白紙，觀察發生的現象。

遊戲現象

在白紙上面，碎鐵屑排列成環形曲線的形狀，這就是磁力線。

科學揭祕

科學研究發現，在地球的磁場中，有無數條和磁感應

相切的線，這就是磁力線。鐵屑在磁鐵上面形成的圖形，正是磁力線的假象圖形。

磁力線不但能看得見還能固定得住，具體方法是：取融化了的蠟溶液，將白紙浸入其中，拿出來冷卻。然後按照遊戲中提供的方法，在白紙上灑上細碎鐵屑，細碎鐵屑排列成磁力線後，用燒熱的熨斗接近磁力線，蠟燭溶液在熨斗的熱量下稍微融化，細碎鐵屑就被蠟油黏貼在白紙上了。這樣，磁力線就被固定了下來。

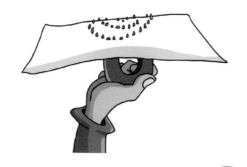

磁力的穿透性

實驗證明，磁體的
磁力具有很強的穿
透性，下面這個小
遊戲能充分說明這
一點。

遊戲道具
玻璃杯一個，不銹鋼杯一個，迴紋針數枚，磁鐵一
塊。

遊戲步驟
第一步：玻璃杯和不銹鋼杯內裝水，各放入幾個迴紋
針。

第二步：磁鐵放在水杯外壁，觀察發生的現象。

遊戲現象
兩個杯子裡面的迴紋針，紛紛被杯子外的磁鐵吸了過
去。磁鐵沿著杯壁向上走，迴紋針也跟著向上走；磁
鐵沿著杯壁向下，磁鐵也向下。

科學揭祕

磁鐵隔著玻璃（不銹鋼）和水，同樣能對金屬鐵製品
產生磁力，這說明磁力的穿透性是比較強的。但磁鐵
在不銹鋼杯壁上的磁力，要小一些，因為磁力被不銹
鋼吸收了一些。

在這一點上，磁力和電力是有區別的。

電流經過的地方所形成的電場，很容易被金屬外殼、
鋼筋混凝土等建築物隔斷。比如變壓器等電力設施，
外面包著一層金屬殼，所以變壓器的外面，幾乎沒有
電場。而磁場卻與之相反，磁場很難隔絕，比如地
球的南北極磁場，對地球上任何地方的指南針，都發
生作用力。但大小相同、方向相反的電流所產生的磁
場，可以互相抵消。

磁鐵釣魚

反覆的科學實驗證明，磁力可以穿透物質和物體。

上面的遊戲告訴大家，磁力是具有「穿透力」的。下面這個小遊戲，讓你體驗磁力是如何作用於一定距離之外的物品的。

遊戲道具

大頭針一枚，彩紙一張，剪刀一把，磁鐵一塊，細繩三十公分，膠帶少許，臉盆一個，長竹竿一根。

遊戲步驟

第一步：用剪刀將彩紙剪成金魚狀，魚鰓用膠帶黏上一枚大頭針。

第二步：竹竿上面繫上細繩，將磁鐵拴在細繩上。

第三步：臉盆內放入水，將小魚放在水裡。

第四步：用竹竿吊著磁鐵，向水平面接近，觀察發生的現象。

遊戲現象

當磁鐵下降到一定高度的時候，水中的金魚一躍而起，被磁鐵吊了上來。

科學揭祕

這個遊戲說明，磁鐵具有隔空傳遞磁力的作用，能對一定距離之外的物體發生吸引力。磁體的這一特性，被廣泛應用於科學研究中。比如在化學實驗室，科學家們需要將一些數量十分微小卻又十分精細的物質混合，但又不能讓它們接觸到任何沒有徹底消過毒的東西。磁鐵幫助科學家們實現了這一點。在金屬盤下面安裝一塊磁鐵，金屬盤上面放置試管，將那些需要混合的精細物質裝入試管，然後讓磁鐵有規律地轉動，金屬盤也隨之轉動了起來。試管內的物質受到轉動著的磁力的影響，自動混合起來。

磁鐵之間的較量

不同的磁鐵，磁
力的強弱會有區
別嗎？帶著這個
疑問，請看完下
面這個小遊戲。

遊戲道具

大小不同的磁鐵
三塊，直尺一把，桌子一張，寬度為二十公分、長度
為三十公分的白紙一張，鉛筆一枝，三枚一元硬幣。

遊戲步驟

第一步：將白紙放在桌子上，在白紙上畫一條直線，
讓三塊磁鐵每塊相距十公分，就像短跑運動員起跑之
前一樣，排列在一條直線上。

第二步：每塊磁鐵前面十公分處，相對應有一枚硬
幣。

第三步：用直尺對著磁鐵的方向，平行推進，使硬幣和磁鐵的距離逐步縮短，觀察發生的現象。

遊戲現象

有的硬幣很快被前面的磁鐵吸了過去，有的硬幣只有當距離和對應的磁鐵距離很近的時候，才能被吸過去。

科學揭祕

這說明，磁鐵可以對一定距離之外的物品發生作用；不同的磁鐵，磁力的強弱是不一樣的。磁力越大，越能吸引較遠距離的物品。

磁動力下的玩具車

世界上第一列磁浮列車的試運營線，建成於上海。那麼，什麼叫磁浮列車呢？下面這個科學小遊戲，能給你簡單明瞭的解釋。

遊戲道具
兩塊磁鐵，膠帶適量，可以自由滑動的玩具車一輛。

遊戲步驟
第一步：將磁鐵用膠帶固定在玩具車上。

第二步：選擇一個光滑平整的地面，放好玩具車。用另一塊磁鐵對著玩具車，觀察發生的現象。

遊戲現象
玩具車或者被吸引過來，或者有一種無形的力量，將玩具車向前推去。

科學揭祕
玩具車上的磁鐵，和遊戲者手裡面拿著的磁鐵，同性相斥、異性相吸，作用到玩具車上，產生了機械動

能。在這個前提下，我們瞭解一下磁浮列車的一些基礎知識。

利用磁體「同性相斥、異性相吸」的原理，磁浮列車具有了抗拒地心引力的能力。列車在靠近鐵軌的磁鐵的作用下，完全脫離了軌道，懸浮在距離軌道大約一公分處的空間，騰空奔行。在這種情況下，磁浮列車沒有一點摩擦力，所以能達到極高的速度。

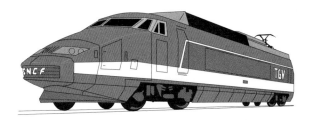

磁鐵的兩極

磁鐵有兩極，這是科學常識。但是，當磁鐵被分割開時，兩極會變成單極嗎？

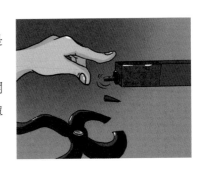

遊戲道具

長鐵釘一根，條形磁鐵一塊，老虎鉗一把。

遊戲步驟

第一步：長鐵釘反覆在磁鐵上摩擦，使之磁化。

第二步：用鐵釘的兩端分別靠近磁鐵的一端，會發現一端被排斥，另一端被吸引。這說明鐵釘形成了磁性的兩極。

第三步：用老虎鉗將鐵釘從中間截斷，取其中的一截，用兩頭分別靠近磁鐵的一端，觀察發生的現象；

再用另一截的兩端分別靠近磁鐵，觀察發生的現象；
將其中的一截再次截斷，再靠近磁鐵，觀察發生的現
象。

遊戲現象

截斷了的鐵釘的兩端，分別被磁鐵排斥和吸引。這說
明被截斷的鐵釘，再次具備了磁體的兩極，試探另一
截鐵釘，也是如此。將其中的一截再次截斷，再次試
驗，也是這種現象。無論截斷多少次，新的一截鐵
釘，總有兩個磁極。

科學揭祕

這是因為磁鐵是由很多數不清的小磁鐵組成的，這些
小磁鐵被稱為磁性元素，每一個磁性元素都有兩個磁
極。所以，儘管將鐵釘截得很小很小，每截鐵釘仍然
有兩極。

低空飛舞的紙風箏

磁力和重力都是兩種力。假如它們之間較量一番，是磁力克服了重力，還是重力贏了磁力呢？

遊戲道具

磁鐵一塊，細繩子一根，迴紋針一枚，彩色紙一張，剪刀一把，膠帶少許，鉛筆一枝。

遊戲步驟

第一步：用細繩將磁鐵繫好。

第二步：用鉛筆在彩紙上畫上自己喜歡的圖案，比如小動物等。用剪刀將彩紙剪好，彩紙後面用膠帶黏貼一個長三十公分、寬約五公分的長紙條。一個風箏做成了。

第三步：在風箏的頭部，用膠帶紙黏上迴紋針，將紙風箏放在桌子上。

第四步：用細繩垂吊磁鐵，從空中接近紙風箏，觀察發生的現象。

遊戲現象

風箏飛了起來，並且隨著磁鐵移動的方向而移動。

科學揭祕

這是因為磁鐵產生的磁力，比紙風箏受到的重力大，所以能將它從桌子上拉起來。在磁力和重力的「較量」中，會根據實際情況，磁力可能大於重力，也可能小於重力，沒有恆定的贏家。

磁力能夠克服重力，這在生產活動中具有很高的應用價值。建築物拆毀了，大量的鋼筋等鐵製品和建築垃圾混合在一起。這時候，可以用大型機械吊著巨大的磁鐵，將廢墟中的鋼鐵吸上來，然後進行循環再利用。

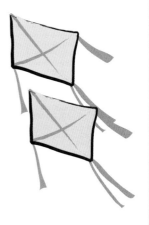

自動瘦身的塑膠瓶

減肥難，自動瘦下來更難。但是有一個塑膠瓶卻具有自動減肥的本領。

遊戲道具
塑膠瓶一個，熱水適量。

遊戲步驟
將塑膠瓶內裝滿熱水，稍等片刻之後，倒掉裡面的水，擰緊瓶蓋，觀察發生的現象。

遊戲現象
你會發現塑膠瓶變扁了，就像減了肥似的。

科學揭祕
這說明，空氣受熱後密度降低，壓力變小。塑膠瓶中的空氣，在裝滿熱水後受熱空氣分子體積膨脹。倒掉熱水蓋緊瓶蓋後，瓶內空氣對內壁的壓力減小，遠遠小於瓶外空氣對瓶子外壁的壓力。瓶子外面的空氣擠壓瓶子，導致瓶子變扁。

倒掉熱水後的塑料瓶

瓶口上「跳舞」硬幣

一枚硬幣在瓶口上「跳舞」，按照下面這個遊戲規則，你會欣賞到這種奇妙的景象。

遊戲道具

五元硬幣一枚，小口玻璃瓶一個（汽水瓶、牛奶瓶或者藥水瓶都行，但瓶口要比硬幣稍小）。

遊戲步驟

第一步：將硬幣平放在玻璃瓶口上。

第二步：雙手捂住玻璃瓶，做擠壓狀，觀察發生的現象。

遊戲現象

瓶口的硬幣會上下跳動。

科學揭祕

旁觀者會認為雙手捂瓶子的人將瓶子擠扁了，導致瓶

子中的空氣將硬幣頂了上來。其實無論力氣多麼大的人，都無法擠扁瓶子。退一步而言，如果玻璃瓶擠得動，只會擠碎，不會擠扁。

為什麼硬幣會上下跳動呢？這是因為手上的熱量將瓶子中的空氣捂熱了，空氣受熱膨脹，瓶子內部壓強增大，空氣上升，將硬幣頂開，釋放出一部分空氣。當雙手離開瓶子後，硬幣還會上下跳動幾次。

遊戲提醒

要想成功玩這個遊戲，需要注意以下兩點：

① 如果外界氣溫較低，可以先將雙手在熱水裡面浸泡一下，或者雙手反覆對搓，提高雙手的溫度。

② 外界氣溫較高時，可以先將瓶子在冰箱裡面冷凍一下，這樣遊戲的成功率更大了。

氣體舉重機

如果你對別人說：我吹一口氣，能頂起十公斤重的物品，並且能讓這些物品上升到一定高度。別人一定會認為你在吹牛：你又不是神仙，怎麼會有這種本事呢？你要想讓他們相信，不妨現場演練一番。

遊戲道具

結實的塑膠袋（或者牛皮紙袋）一個，袋子的大小能放進去兩本厚書即可；手指粗細的塑膠管一根，塑膠繩三十公分，厚書數本（約十公斤重）。

遊戲步驟

第一步：將塑膠管用塑膠繩紮在袋子口，要捆紮得結實、密封。

第二步：將厚書放在塑膠袋上面，對著塑膠管往袋子裡吹氣，觀察發生的現象。

遊戲現象

吹出的氣進入袋子後，袋子慢慢鼓脹起來，袋子上的書開始向上頂起。

科學揭祕

塑膠袋的尺寸設定在長十公分、寬二十公分。你只要吹出超過一個大氣壓的氣，袋子就會得到一個二十公斤的力。因此，舉起十公斤重的物品，也就輕而易舉了。

遊戲提醒

袋子的吹氣口要小，這樣吹起氣來會很容易；吹氣要慢，要均勻。

兩根管子喝汽水

你能用兩根吸管喝同一瓶汽水嗎？在炎炎夏日，你可能認為這可是一件十分愜意的事。但是，兩根吸管會讓極度焦渴的你處於暴怒的境地：我怎麼一滴水也喝不到！

遊戲道具
兩根吸管，一瓶汽水。

遊戲步驟
口中含著兩根吸管，一根插進汽水瓶內，另一根露在瓶子外面，用力吸。

遊戲現象
儘管你滿頭大汗，憋得臉紅脖子粗，你依然無法喝到瓶子中的汽水。

科學揭祕

我們在用吸管喝飲料的時候，口腔就像一個真空泵。吸氣的時候，口腔內的氣壓降低，外面的氣壓高於口腔內的氣壓，大氣壓迫飲料表面，飲料就沿著吸管，被壓迫到口腔中了。所以，我們就喝到了甜美的飲料。

如果口中含著兩根吸管，暴露在瓶子外面的吸管，隨時給口腔補充空氣，口腔無法形成真空泵。這樣，口腔內的氣壓始終和口腔外的氣壓保持一致，飲料也就沒有壓迫，我們也就無法喝到瓶子裡面的汽水了。

所以，我們常說的吸水，倒不如說「壓水」，更符合科學常識。

遊戲提醒

露在瓶子外面的那根吸管，要保持兩頭暢通，不能塞住任意一頭，否則就算遊戲犯規。

無法漏水的「漏洞」

無孔不入的水，卻無法從一個破損的漏洞中漏出來，這是為什麼呢？

遊戲道具

塑膠瓶一個，錐子（或者剪刀）一把，清水適量。

遊戲步驟

第一步：用錐子在塑膠瓶底鑽一個小孔，用手摀住小孔，往瓶子內裝清水（一定要裝滿水，使瓶子中沒有存留空氣），擰緊瓶蓋，不許漏氣。

第二步：手指離開小孔，看水是否從孔裡面流出來。

遊戲現象

水沒從瓶子的漏洞中流出。

科學揭祕

要想讓瓶子中的水從漏洞中流出，瓶子裡面水表面的空氣壓力，必須大於或者等於小孔表面的空氣壓力。

實際情況是，瓶子中沒有殘留的空氣，由於瓶蓋的保護，外界空氣無法接觸到瓶子中的水，瓶子中的水不受大氣壓力影響，大氣壓力，大於水柱的壓力，所以瓶底雖然有漏洞，水還是流不出來。

水流不出來的另一個原因是，水的表面有張力，這個張力就像一層看不見的塑膠薄膜一樣，將水緊緊裹在一起。雖然張力比較小，但當漏洞比較小的時候，水的表面張力也阻擋了水的流出。

乒乓球對水柱的「愛戀」

乒乓球和一個從水壺嘴噴出來的水柱產生了愛情，否則它們為什麼難捨難分呢？

遊戲道具
水壺一個，臉盆一個，乒乓球一個，清水適量。

遊戲步驟
第一步：水壺和臉盆內裝上清水適量。

第二步：乒乓球放在臉盆內。

第三步：提起水壺，對準乒乓球傾倒水，觀察發生的現象。

遊戲現象
和一般人的想法所不同的是，乒乓球並沒有被湍急的水柱沖的滿臉盆亂跑，而是忠實地處在水柱的籠罩之下，接受著水柱的「熱烈親吻」。隨著臉盆內水面的升高，乒乓球慢慢浮起來。儘管水壺竄出的水柱令臉盆裡面的水翻滾沸騰，但乒乓球始終不離開衝擊它的

水柱。

你還可以將乒乓球放在板凳上做這個遊戲。一隻手拿著乒乓球放在板凳上，一隻手拎壺往下倒水，水柱衝擊到乒乓球後，可以放手了（倒水之前手不能離開乒乓球，否則乒乓球就會被沖走）。你會發現，乒乓球被水柱固定在板凳上。這時候你可以手拿水壺，慢慢地向前向後，向左向右移動，這個乒乓球就會聽從水壺的指揮，跟著水柱一起移動。

科學揭祕

乒乓球和水柱之間，之所以密不可分，並不是因為堅貞的愛情，而是空氣氣壓在「作怪」。

當水柱衝擊到乒乓球的時候，乒乓球周圍充滿了流動的水，其周圍的空氣氣壓隨之變小。乒乓球周圍的水流情況發生變化，周圍的空氣壓力也隨之改變，乒乓球在這種空氣壓力之下，不斷自身調節，始終處在水柱底部中央，進而和水柱「相互依偎」。你看，空氣的壓力，是多麼富有神奇效果呀！

輕鬆滑行的杯子

一只倒扣在桌子上的杯子，用嘴對著它吹氣，杯子就能輕鬆地在桌子上滑行。即便用一根羽毛，也能將它推得動，你知道這是為什麼嗎？

遊戲道具

玻璃杯兩個，熱水適量，桌子一張（表面要平整光滑）。

遊戲步驟

第一步：先將一個玻璃杯倒扣在桌子上，用嘴吹氣，觀察發生的現象。

第二步：將另一個玻璃杯用熱水沖淋一下，杯子內留下少許熱水，迅速將玻璃杯倒扣在桌子上，用嘴輕吹杯子，觀察發生的現象。

遊戲現象

第一次吹玻璃杯，玻璃杯紋絲不動；第二次吹玻璃杯，玻璃杯在桌面上輕鬆開始滑行，就像溜冰隊員站在溜冰場上，幾乎沒有什麼摩擦力。

科學揭祕

熱水沖淋過的杯子，被迅速倒扣在桌子上，杯中的空氣被杯壁和杯底上的熱水暖熱，迅速膨脹，將倒扣在桌子上的玻璃杯托了起來。被托起來的玻璃杯，和桌子之間有一個很小的縫隙，被從杯壁上流下來的熱水填充。這時候，杯子已經和桌子沒有實質性的接觸了，杯子被支撐在一層超薄的水墊上面，因此，杯子和桌子之間的摩擦力大大削減，很小的外力便能使杯子輕鬆滑行。

難以滑動的冷水杯

空氣具有熱脹冷縮的特性，在下面的這個遊戲中你可以一覽無遺。

遊戲道具
一個玻璃杯，一本厚度約四、五公分的書，一個表面光滑，長約二十五公分、寬約十公分的木板一個，冷水和熱水適量。

遊戲步驟
第一步：將書平放在桌子上，木板斜靠在書上。

第二步：將玻璃杯在冷水中浸泡，然後倒扣在傾斜的木板上，觀察發生的現象。

第三步：將玻璃杯在熱水中浸泡，然後倒扣在傾斜的木板上，觀察發生的現象。

遊戲現象
你會發現，冷水浸泡過的杯子，在傾斜的木板上固定

不動，或者慢慢下滑很快停止；而熱水浸泡過的杯子則會較為快速的下滑，直到從木板上跌落下來。

科學揭祕

被熱水浸泡過的水杯，為什麼下滑的更徹底、更快速呢？這是因為杯中的空氣受熱膨脹，將倒扣的玻璃杯向上抬起，玻璃杯和木板之間的摩擦力減低。

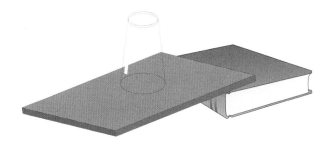

長「耳朵」的氣球

大家都玩過色彩繽紛的漂亮氣球，但是有誰玩過長「耳朵」的氣球？下面一起來試一試吧。

遊戲道具：
細繩，氣球，玻璃杯2只，一杯熱水，一杯涼水

遊戲步驟：

1. 取氣球吹滿氣，將吹起口綁緊。

2. 在2只玻璃杯裏都加滿熱水，這樣玻璃杯就被加熱了，然後倒掉熱水立刻貼到氣球兩側上去，造成氣球的兩隻「耳朵」。

3. 取出涼水，澆在那2只「耳朵」外面，等溫度降下來。

遊戲現象
豎直提起一隻「耳朵」，另一隻「耳朵」也是緊緊貼在氣球上面而不掉下來的。

科學揭秘

這個遊戲的奧秘就在於大氣壓強。給玻璃杯加熱水再倒掉，這是玻璃杯內的空氣還是熱的，這時迅速將杯口扣在氣球上，用涼水降溫使得杯內空氣溫度驟降引起體積收縮，從而使杯內氣壓變低。但是氣球一直保持著穩定的內部氣壓，這樣杯內和氣球內大氣產生氣壓差，所以杯口部分的氣球「被迫」壓進了杯內。

國家圖書館出版品預行編目資料

物理遊戲好好玩／腦力＆創意工作室編著.
第一版──臺北市：知青頻道出版；
紅螞蟻圖書發行, 2010.1
面 ； 公分. ── (Brain；11)
ISBN 978-986-6643-98-9（平裝）
1.科學實驗 2.通俗作品
307.9 98023655

Brain 11

物理遊戲好好玩

編　　著／腦力＆創意工作室
美術構成／引子設計
校 對／朱慧蒨、楊安妮
發 行 人／賴秀珍
榮譽總監／張錦基
總 編 輯／何南輝
出　　版／知青頻道出版有限公司
發　　行／紅螞蟻圖書有限公司
地　　址／台北市內湖區舊宗路二段121巷28號4F
網　　站／www.e-redant.com
郵撥帳號／1604621-1　紅螞蟻圖書有限公司
電　　話／(02)2795-3656（代表號）
傳　　真／(02)2795-4100
登 記 證／局版北市業字第796號
港澳總經銷／和平圖書有限公司
地　　址／香港柴灣嘉業街12號百樂門大廈17F
電　　話／(852)2804-6687
法律顧問／許晏賓律師
印 刷 廠／鴻運彩色印刷有限公司
出版日期／2010年1月　第一版第一刷

定價180元　港幣60元

ISBN 978-986-6643-98-9　　　　Printed in Taiwan